JN011341

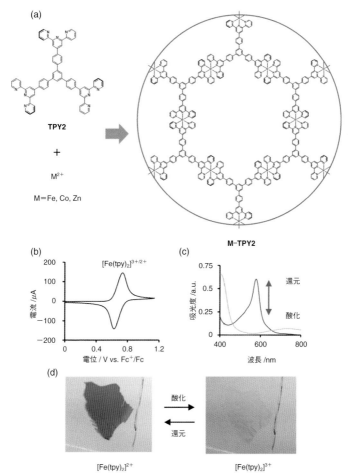

口絵 1 （a）M–TPY2 の化学構造．（b）Fe–TPY2 のサイクリックボルタモグラ
ム．（c）Fe–TPY2 の紫外可視吸光スペクトルの変化．（紫色：[Fe(tpy)₂]²⁺
状態，黄色：[Fe(tpy)₂]³⁺状態）．（d）Fe–TPY2 のエレクトロクロミズ
ム．（p. 133 参照）

(a)

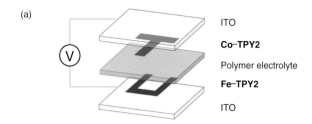

ITO

Co–TPY2

Polymer electrolyte

Fe–TPY2

ITO

(b)

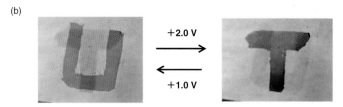

+2.0 V

+1.0 V

口絵 2　Fe–TPY2 と Co–TPY2 を用いたデュアルエレクトロクロミックディスプレイの（a）構造と（b）動作．（p. 134 参照）

化学の要点
シリーズ
44

金属錯体の二次元物質
配位ナノシート

日本化学会 ［編］

前田啓明
福居直哉 ［著］
髙田健司
西原　寛

共立出版

『化学の要点シリーズ』
発刊に際して

　現在，我が国の大学教育は大きな節目を迎えている．近年の少子化傾向，大学進学率の上昇と連動して，各大学で学生の学力スペクトルが以前に比較して，大きく拡大していることが実感されている．これまでの「化学を専門とする学部学生」を対象にした大学教育の実態も大きく変貌しつつある．自主的な勉学を前提とし「背中を見せる」教育のみに依拠する時代は終焉しつつある．一方で，インターネット等の情報検索手段の普及により，比較的安易に学修すべき内容の一部を入手することが可能でありながらも，その実態は断片的，表層的な理解にとどまってしまい，本人の資質を十分に開花させるきっかけにはなりにくい事例が多くみられる．このような状況で，「適切な教科書」，適切な内容と適切な分量の「読み通せる教科書」が実は渇望されている．学修の志を立て，学問体系のひとつひとつを反芻しながら咀嚼し学術の基礎体力を形成する過程で，教科書の果たす役割はきわめて大きい．

　例えば，それまでは部分的に理解が困難であった概念なども適切な教科書に出会うことによって，目から鱗が落ちるがごとく，急速に全体像を把握することが可能になることが多い．化学教科の中にあるそのような，多くの「要点」を発見，理解することを目的とするのが，本シリーズである．大学教育の現状を踏まえて，「化学を将来専門とする学部学生」を対象に学部教育と大学院教育の連結を踏まえ，徹底的な基礎概念の修得を目指した新しい『化学の要点シリーズ』を刊行する．なお，ここで言う「要点」とは，化学の中で最も重要な概念を指すというよりも，上述のような学修する際の「要点」を意味している．

本シリーズの特徴を下記に示す.

1 ）科目ごとに，修得のポイントとなる重要な項目・概念などをわかりやすく記述する.

2 ）「要点」を網羅するのではなく，理解に焦点を当てた記述をする.

3 ）「内容は高く」,「表現はできるだけやさしく」をモットーとする.

4 ）高校で必ずしも数式の取り扱いが得意ではなかった学生にも，基本概念の修得が可能となるよう，数式をできるだけ使用せずに解説する.

5 ）理解を補う「専門用語，具体例，関連する最先端の研究事例」などをコラムで解説し，第一線の研究者群が執筆にあたる.

6 ）視覚的に理解しやすい図，イラストなどをなるべく多く挿入する.

本シリーズが，読者にとって有意義な教科書となることを期待している.

『化学の要点シリーズ』編集委員会

井上晴夫（委員長）

池田富樹　伊藤　攻　岩澤康裕　上村大輔

佐々木政子　高木克彦　西原　寛

まえがき

　二次元物質は，化学分野だけでなく，物理分野でも注目を浴びている．二次元というトポロジーに基づく特異な性質が現れるためである．二次元物質の爆発的な研究展開のきっかけは，2004 年に Andre K. Geim と Kostya S. Novoselov が *Science* 誌に発表した "Electric field effect in atomically thin carbon films（原子レベルの薄さの炭素フィルムにおける電界効果）" だった．理論的には特異なディラックコーン型の電子構造をもつことが予測されていた単層の炭素フィルムであるグラフェンは，長らく合成が困難とされてきた．Geim と Novoselov は，上記の論文で，高配向性熱分解グラファイト（HOPG）に粘着テープを貼り付けて，繰り返し剥離するというごく簡単な方法を用いて，グラフェンシートが単離できることを示した．さらにグラフェンシートをゲートとする FET 特性により，ディラックコーン型の電子構造を実験的に証明した．その後，研究対象となる二次元物質は他の単体や化合物へと拡大した．この功績「二次元物質グラフェンに関する革新的実験」により，Geim と Novoselov は 2010 年にノーベル物理学賞を受賞した．

　一方，1894 年に発表された Werner の配位説に端を発する錯体化学は，金属と配位子の組合せで自在に分子やその集合体の形を制御できることを活用して，130 年の間に対象となる物質を当初の単核錯体や複核錯体などの小分子から，クラスター，巨大分子や無限構造体などへと拡大してきた．1995 年に藤田誠らにより合成されたかご型錯体や 1997 年に北川進らにより発見された多孔性高分子錯体は，金属イオンと架橋配位子の自己集合を利用して骨格内に空孔をもつ三次元構造を形成しており，その空孔のサイズや形状に合わ

せて，分子を選択的に吸蔵することができ，多様な応用展開が行われている．

　筆者らが2013年に報告した導電性の配位ナノシートは，特異な電子構造をもつ二次元物質を金属錯体でつくりたいという興味から誕生した．グラフェンと同じような完全平面形のπ共役構造をつくるために，ニッケルイオンとベンゼンヘキサチオールという平面構造を好む組合せを用い，またそれぞれが溶解する水と有機溶媒の二次元的な界面での錯形成反応により，フィルム状の生成物を得ることに成功した．その報告から10年の間に，多彩な金属と配位子の組合せで，多様な配位ナノシートが報告されている．

　本書は，配位ナノシートの科学を紹介するために，第1章「二次元物質とは？」，第2章「配位ナノシートの基礎」，第3章「完全平面系配位ナノシートの構造と機能」，第4章「不完全平面系配位ナノシートの構造と機能」で構成されている．これまでに開発されてきた配位ナノシートの面白さを理解していただくとともに，どんな金属と配位子を組み合わせたら面白い物質ができるだろうか？，配位ナノシートは何に利用できるだろうか？，などのアイデアに結び付けていただけると執筆者として嬉しい限りである．

　最後に，本書を執筆するにあたって，編集委員長の井上晴夫先生をはじめ，編集委員の皆様に貴重なご助言やご示唆をいただきましたことを深く感謝申し上げます．また，共立出版株式会社編集部の中川暢子氏，中村一貴氏には原稿のチェックや本の編集で大変お世話になりました．厚くお礼申し上げます．

　2023年8月

西原　寛

目　　次

第 1 章

二次元物質とは？

　物体の位置を完全に指定するためには，3つの数字が必要となる．例えば，地球上では緯度，経度，標高の3つがあれば位置を完全に特定できる．他にも，右に3m，前に4m，上に5mなどといった表現もできるだろう．このような空間を三次元空間とよぶ．実はそれ以上の次元が存在するのではないかという検証は続いているが，現状では原子レベルのミクロスケールから宇宙空間のようなマクロスケールに至るまで三次元空間であると考えてよいらしい．

　そのような三次元空間にあっても二次元物質というのは存在しうる．二次元物質は，他の二次元と比較して残りの一次元が特別であるような物質である．具体的に最もイメージしやすいのが，厚みが非常に小さい膜状の物質である．膜内の二次元での広がりに比べて膜厚が非常に小さく自由度が限定されているため，二次元物質といえる．究極的には原子1個の厚さをもつ単原子層膜をつくることもすでに可能になっている．このような単原子層膜をつくることができるのは，膜を構成する原子が二次元方向には強く結合しているのに，厚さ方向には弱く結合しているためである．

　これらの二次元物質には，通常の三次元物質ではなかなか見られない面白い性質や機能がある．二次元物質の性質の解明や新しい二次元物質の開発は，21世紀に入って以降重要な科学的課題の1つになった．この章では，二次元物質にみられる特徴を述べ，代表的

な二次元物質を紹介する.

1.1 二次元物質の特徴

1.1.1 高い可視光透過率

　二次元物質は単～数原子層といったナノメートルオーダーの厚さにまで薄くすることができる. 吸光度は膜厚に比例するため, 数原子層の二次元物質は光をよく透過する [1]. この特徴は特に導電性をもつ二次元物質で際立つ. 導電性をもつ厚い物質は光を通さないものが多いので, 導電性二次元物質は透明電極としてタッチパネルや発光ダイオードの電極としての利用が考えられている.

1.1.2 高い柔軟性

　日常生活でも実感できるところであるが, 薄い物体というのは曲げやすい. 強固な二次元面内の結合と弱い層間方向の結合をもつ層状物質では, さらに別の事情がある. 力が加わったときに層と層が横ずれして力を逃がしてくれるのである [2]. この高い柔軟性により, 折り曲げたり肌に貼り付けたりして使える機能性デバイスへの応用が可能である.

1.1.3 へき開性

　層状物質では結合が弱い層間方向に引っ張る力を加えると2つに割れて非常に平らな面が現れる. これをへき開といい, 現れた面をへき開面という. 一部の人にはグラファイトや雲母のへき開はおなじみかもしれない. へき開を繰り返すことで最終的には原子1個から数個分の厚さをもつ薄膜をつくることができる.

1.1.4 大きな表面積

　同じ体積で比べたとき，二次元物質のほうが三次元物質より大きな表面積をもつ．例えば，100×100×100 nm の立方体と 1000×1000×1 nm の膜状物質の体積は同じだが，表面積は膜状物質のほうが 30 倍以上ある．表面の性質が重要な物質は，なるべく薄い二次元物質であるほうが無駄なくその特長を利用できる．

1.1.5 二次元性

　二次元でないと起こらない現象が知られている．その 1 つに量子ホール効果がある [3]．普通のホール効果は，電流と垂直に磁場をかけると，それらと垂直な方向に磁場に比例するホール電圧が生じる現象である．ホール電圧と電流の比はホール抵抗とよばれ，二次元，三次元問わず通常あらゆる物質で異なる値をとる．ところが，二次元物質に限っては，物質を問わず，極低温で高磁場をかけるとホール抵抗が約 25.8 kΩ の決まった値になる領域がある．これが量子ホール効果であり，逆に言えば，これを確認することで系の二次元性が担保される．量子ホール効果が表れるのは，試料の端だけに電流が散乱されることなく流れているためである．

　近年，上向きスピンと下向きスピンの電流がそれぞれ反対方向に試料端を流れる量子スピンホール効果が存在することが確認された．これが生じる物質を二次元トポロジカル絶縁体とよぶ．磁場が存在しない状況でも電子スピンを輸送できるため，スピントロニクスへの応用が期待される [4]．

　他の例では，銅酸化物系超伝導体の超伝導は，二次元に閉じ込められた電子によるものと言われている [5]．

1.1.6 インターカレーション

　層状物質の層間に原子，イオン，分子などが割って入ることがある．この現象をインターカレーションという．インターカレーショ

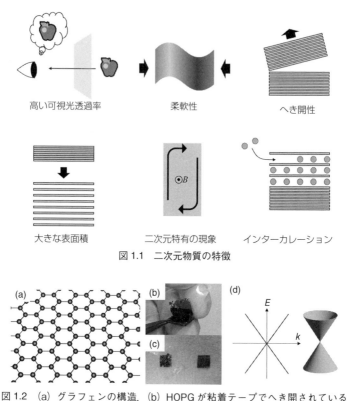

高い可視光透過率　　　　　柔軟性　　　　　　へき開性

大きな表面積　　　二次元特有の現象　インターカレーション

図 1.1　二次元物質の特徴

図 1.2　（a）グラフェンの構造．（b）HOPG が粘着テープでへき開されているところ．（c）粘着テープの上のグラファイト薄膜（左）とへき開で平坦な面が現れた HOPG（右）．（d）グラフェンのバンド構造とディラックコーン．*k* は波数で，運動量に比例する．

ンされた二次元物質は本来の性質とは異なる性質を示すことがあり，二次元物質の多様性をもたらしている．既刊の化学の要点シリーズ 11 巻『層状化合物』で詳しく解説されているので参照されたい．

1.2 固体無機化合物系二次元物質

1.2.1 グラフェン

　ここからは代表的な無機二次元物質を紹介していく．最初に，現在では二次元物質の代表格といえるグラフェンを紹介しよう．グラフェンは層状物質であるグラファイト（黒鉛）の 1 層だけを取り出したものである．炭素原子が平面上にハチの巣のような六角形に並んだ構造（ハニカム構造）をとる（図 1.2a）．

　つくり方は単純だ．高配向性熱分解グラファイト（Highly Oriented Pyrolytic Graphite：HOPG）の表面に粘着テープを張り付けてはがすとへき開し，粘着テープに薄いグラファイトの層が残る（図 1.2b, c）．ここでは薄いとは言っても数千層分はある厚いグラファイト膜である．これにまた別の粘着テープを張り合わせ，はがすと再びへき開し，厚さがおよそ半分になる．これを繰り返して最終的に基板に貼り付けて（転写）原子 1 層分の厚さのグラフェンになる．この手法は粘着テープの商品名をとってスコッチテープ法とよばれている．現在では他にも様々な手法が開発されており，真空中で有機物の炭素原子からつくる方法や，グラファイトに超音波照射する方法が開発されている［6］．

　グラフェンが注目される理由はその特異な電子状態にある［7］．運動量 p の電子状態のエネルギー E は，普通の物質ならばその有効質量 m を使って $E = p^2/2m$ となる．エネルギーは運動量の二乗に

比例しており，図にすると放物線を描く．この形は我々の日常生活でみられる普通の物体の物理法則と同じである．しかし，グラフェンでは $E = pv_F$ となり，運動量に比例する．ここで v_F はフェルミ速度で，グラフェン中の電子の移動速度に相当する．グラフェンのバンド構造は，図 1.2d に示すように円錐が上下から一点で接しているような格好となる．この形はディラックコーンとよばれている．注目すべきはエネルギーの中に質量が登場しないことである．実は，このエネルギーと運動量の関係は，光が従う方程式と同じであり，質量がゼロであるとみなせる．このため，グラフェン中の電子は普通の電子では考えられない特別な性質をもつことが理論的に予測されている．実際に高速応答デバイスへの応用や，散乱されにくい特性が実験で確かめられており，次世代エレクトロニクスデバイスへの応用が期待される [8]．その他，アルカリ土類金属のインターカレーションや，2 枚のグラフェンをごくわずか回転させて重ねることで超伝導状態（ある温度以下で電気抵抗がゼロになる状態）になるなど興味深い物性が，現在でも次々に発見されている [9, 10]．

1.2.2　遷移金属ジカルコゲニド

MoS_2，$MoTe_2$，WS_2，WSe_2，WTe_2 といった MX_2（M＝遷移金属，X＝S，Se，Te）で構造があらわされる物質群を遷移金属ジカルコゲニド（Transition Metal Dichalcogenide：TMDC）とよぶ．いずれも原子 3 個分の厚みを 1 層とする層状化合物であり（図 1.3a），グラフェンの場合と同じくスコッチテープ法で 1 層を取り出すことも，真空中でボトムアップ的に 1 層ずつ合成することもできる [11]．

　TMDC はバンドギャップ（禁制帯）をもつ半導体である．半導

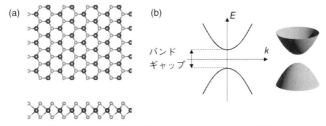

図1.3 (a) MoS$_2$ の構造，(b) MoS$_2$ のバンド構造.

体の利点として，うまくフェルミエネルギー（このエネルギー以下
の状態には電子がいて，これ以上には電子がいないという境界のエ
ネルギー）をバンドギャップにもってくることで電気を通さない状
態をつくれる点が挙げられる（図1.3b）．すなわち，電圧など外部
からの信号によって電気を通す通さないを調整するスイッチにする
ことができる．グラフェンはバンドギャップをもたないので，この
点では TMDC が有利である [12]．

1.2.3 酸化物高温超伝導体

　ペロブスカイト型構造は ABO$_3$ の組成をもつ化合物がとる構造
で，立方体の頂点に原子 A，中心に原子 B，各面の中心に酸素原子
が位置する（図1.4a）．このままでは三次元物質だが，特定の方
向に周期的に A に入る原子が変わったり酸素原子が欠損したり
することで二次元物質になる．そのようなタイプの物質である
Ba$_x$La$_{5-x}$Cu$_5$O$_{5(3-y)}$ は 1986 年に当時としては最高温度である 30 K
で電気抵抗がゼロになる超伝導を示して以降，活発な研究がすすめ
られた [13]．液体窒素温度で超伝導となる YBa$_2$Cu$_3$O$_7$ なども発見
され，総称して高温超伝導体とよばれている [14]．他の金属原子
にブロックされた CuO$_2$ 層が超伝導を担うため，この種の物質は特

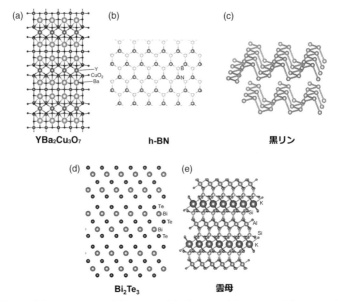

図 1.4　(a) YBa₂Cu₃O₇，(b) h–BN，(c) 黒リン，(d) Bi₂Te₃，(e) 雲母の構造．

に銅酸化物系超伝導体とよばれる．21 世紀に入ってから鉄系超伝導体も発見されたが，これも層状化合物である［15］．

1.2.4　窒化ホウ素（h-BN）

窒化ホウ素は組成式 BN で表される化合物である．常温常圧の結晶構造はグラファイトに似た六方晶のハニカム構造（h–BN）をとる（図 1.4b）．グラファイトと同様の層状化合物で，同じく剥離などとして利用される．グラファイトと異なるのは全く電気を通さない絶縁体であるという点である．これに注目して，グラフェンや TMDC を h–BN の原子層の上に載せたり，h–BN で挟んだりするこ

とで，外部（特に基板）由来の乱れからグラフェンを守る役割で基礎研究方面で利用されている．そのように守られたグラフェンの移動度（キャリアの動きやすさ）は，一般的な基板である SiO_2 に載せた場合と比べて1桁大きい [16]．日本は世界でも有数の高品質な h–BN の作製技術を有する [17]．

1.2.5　黒リン

　グラフェンと同じく単一元素からなる無機二次元物質に黒リンがある．リンの数多くある同素体の1つである．グラフェンのように1層の原子がすべて同一平面上にあるわけではないが，折れ曲がりながら互いに強く結合した P 原子で構成された層が積層した二次元構造をとる（図1.4c）．その物性はグラフェンと TMDC の中間である．単層ではバンドギャップが 1.5 eV 程度，層を重ねていくごとにバンドギャップは小さくなり 0.3 eV まで幅広くバンドギャップが変化する．すなわち，それだけ多くの波長の光に対応した光デバイスを作製することができる [18]．

1.2.6　テトラジマイト型層状化合物

　Bi_2Se_3，Bi_2Te_3，Sb_2Te_3 などは5原子分の厚さで1層であり，層間は弱いファンデルワールス力で結合しているテトラジマイト型層状化合物である（図1.4d）[19,20]．A_2B_3 の組成をもち，A の層と B の層が B–A–B–A–B の順で重なった5原子層を単位として積層している．以前から熱電材料として注目されてきたが，2000年代の終わりにトポロジカル絶縁体であることが世界で初めて確かめられた．トポロジカル絶縁体は表面はディラックコーンを有する金属だが中身は絶縁体の物質であり，スピントロニクスデバイスへの応用が期待される．

1.2.7 天然の二次元物質

　天然の鉱石にも層状物質が含まれる．前述のグラフェンは黒鉛から，MoS_2 は輝水鉛鉱から採取できる．雲母はケイ酸塩に属する天然の層状化合物で，絶縁性が高いため電子部品の絶縁材や誘電体としての利用がある（図 1.4e）．容易にへき開することができ，へき開面は原子レベルで平坦である．その上に金を蒸着しアニール（焼きなまし）することで原子レベルに平坦な金の表面を得ることができ，研究用途によく使われる．

1.2.8 表面・界面に成長する二次元物質

　物質の表面や異なる物質の間の界面もまた二次元的な現象の舞台であり，それだけで一大研究分野になっている．しかし，これまで紹介してきた典型的な二次元物質とは異なり，表面や界面だけを取り出すことはできない．表面や界面が存在するためには，必ずその下に表面や界面ではない部分（バルク）が必要である．

　表面や界面に原子を並べるというのが，二次元物質を作製する常套手段の 1 つである．すでに述べたが，グラフェンや TMDC の原料を表面に供給し，表面で反応させ，それらを得ることができる（化学気相成長，CVD）．また，金属単結晶の清浄表面など周期的な構造をもつ基板上では，基板と分子との相互作用の関係で大気や溶液中でつくったものとは異なる周期や構造の二次元結晶となることがある．現状では，表面構造のみを基板から単離するのは技術的困難を伴う場合も多いが，基板に載せた状態で走査型トンネル顕微鏡（STM）[1] などの各種走査型プローブ顕微鏡法や光学的測定が可能であり，盛んに研究が行われている [21]．

　表面上で作製される二次元物質の例の 1 つがシリセンである．シリセンは，グラフェンの炭素原子をすべてケイ素原子に置き換えた

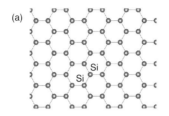

図1.5 シリセンの（a）面内構造と（b）断面構造

ハニカム構造の二次元物質である（図1.5）．シリセンとグラフェンの際立った違いは，グラフェンは完全に平面だが，シリセンは上下にでこぼこした構造（バックル（座屈）構造）となっている点である．Si–Si の π 結合は，C–C と比べて距離が遠くエネルギーの利得を大きくは得られないというのが理由である．また，炭素よりケイ素のスピン軌道相互作用が大きいため，比較的高い温度まで二次元トポロジカル絶縁体としてふるまうとされる．現在では，ゲルマニウムやスズ，鉛のグラフェンともいえる，それぞれゲルマネン，スタネン，プランベンの作製報告例がある．シリセンも含め，いずれもバックル構造，ディラックコーン，二次元トポロジカル絶縁体候補という共通した特徴をもつ [22]．

1 　試料表面を探針（プローブ）でなぞることで形状を観察する走査型プローブ顕微鏡の一種．走査型トンネル顕微鏡では先端を尖らせた Pt/Ir 線や W 線をプローブとして利用し，試料–プローブ間に電圧を印加した際に流れるトンネル電流により原子分解能での形状観察や電子状態の評価を行うことができる．

1.3　有機分子からなる二次元物質

　ここまで，無機二次元物質を紹介した．本節では有機分子を材料に用いた二次元物質を紹介する．有機二次元物質の特徴はその設計自由度の高さにある．無機二次元物質が扱える元素は100種類に満たない．一方で有機分子は実質的に無限といってよい種類が用意できる．しかも，適当な官能基の導入や置換により基本的な骨格を変えることなく微調整を加えることができる．これらの特徴から近年多くの研究が報告されるようになった．

　基本的に有機分子同士はあまり強く結合するものではなく，二次元物質となるためには何かしらの反応を起こし分子間に結合をつく

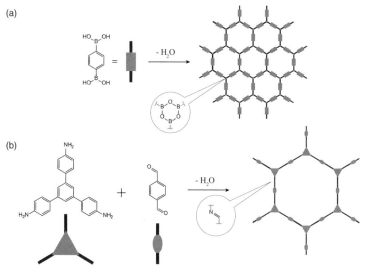

**図 1.6　さまざまな共有結合性有機構造体（COF）．(a) 三分子重合を用いた例．
(b) 三叉配位子を用いた例．**

る必要がある．共有結合を用いた場合はCOF，配位結合を用いた場合は配位ナノシートに大別できる．

1.3.1 共有結合性有機構造体（COF）

共有結合性有機構造体は，小さな分子が共有結合でネットワークをつくり大きな分子となった物質である．Covalent Organic Framework の頭文字をとってCOFとよばれることが多い．ネットワークをつくるのはリンカーやビルディングブロックなどとよばれる内部に複数の官能基をもつ分子である．ネットワークをつくるには3つ以上の枝分かれをもつ部分が存在する必要がある．この枝分かれをつくる戦略は大別して2つある．1つは3つ以上のリンカー分子が会合するような反応を利用する方法である．例えば，1,4-フェニルジボロン酸は，三分子脱水縮合でボロキシンを形成し，これが次々起こることでCOFとなる（図1.6a）．もう1つの戦略は，3つ以上の反応部位をもつ分子をリンカーに用いる方法である．1,3,5-トリス(4-アミノフェニル)ベンゼンとp-ジホルミルベンゼンをルイス

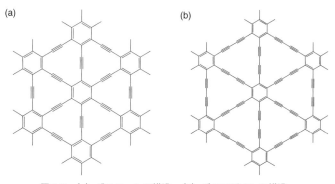

図 1.7 （a）グラフィンの構造．（b）グラフジインの構造．

酸触媒下で反応させると，イミン結合で架橋されたベンゼン環の
ネットワークをもつ COF ができる（図 1.6b）．いずれの場合も，
COF には数ナノメートルにも達する大きさの空孔があり，そこに
様々な分子，アニオン，カチオンを吸脱着することができる．その
ため次世代のエネルギー貯蔵材料としての期待が大きい [23]．

　グラフィン（graphyne）は芳香族炭化水素が 1 つの三重結合で
架橋されて二次元構造となった物質であり，2 つの三重結合で架橋
されたものはグラフジイン（graphdiyne）とよばれる（図 1.7）．以
下，n 個の三重結合で架橋された graphyne-n をいくらでも考える
ことができる．単層の電子的性質はグラフェンとよく似ているとい
う理論的予測がされている [24]．

1.3.2　配位ナノシート

　最後に紹介するのは，本書の主題である配位ナノシート（Coordi-
nation Nanosheet：CONASH）である．金属-有機構造体（Metal

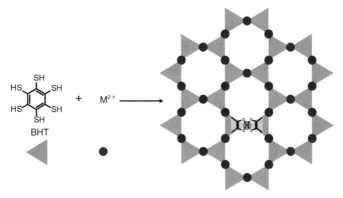

図 1.8　ベンゼンヘキサチオール（BHT）を用いた配位ナノシートの構造.

Organic Framework：MOF）の二次元版ということで 2D-MOF に分類されることもある．金属イオンと，それに配位できる場所が複数ある分子を原料とする．図 1.8 に示す例ではベンゼンヘキサチオール（BHT）が原料に使われている．BHT 2分子が金属イオンに配位する．ここの配位に使われていないチオール基（–SH）はまた別の金属イオンに配位する．これを繰り返すことで配位ナノシートが形成される．配位結合を用いる利点の1つは温和な条件で反応が進むことである．さらに，配位によって形成された錯体部位に機能性を担わせることが可能である．これによって多くの機能性配位ナノシートが生み出されてきた［25］．本書ではその機能性にも着目し，次章以降で詳細に解説する．

文献

［1］　F. Bonaccorso, Z. Sun, T. Hasan, A. C. Ferrari：*Nat. Photon.*, **4**, 611–622（2010）.

［2］　Y. Liu, Y. Huang, X. Duan：*Nature*, **567**, 323–333（2019）.

［3］　川路紳治：『二次元電子と磁場（朝倉物性物理シリーズ 6）』，朝倉書店（2007）.

［4］　安藤陽一：『トポロジカル絶縁体入門』，講談社（2014）.

［5］　木名瀬亘：『高温超伝導における 2 次元電子系の役割』，表面科学，**12**，151（1991）.

［6］　徳本洋志：*J. Vac. Soc. Jpn.*, **53**, 61–65（2010）.

［7］　齋藤理一郎：『フラーレン・ナノチューブ・グラフェンの科学—ナノカーボンの世界—（基本法則から読み解く物理学最前線 5）』，共立出版（2015）.

［8］　K. S. Novoselov, A. K. Geim, S. V. Morozov, D. Jiang, Y. Zhang, S. V. Dubonos, I. V. Grigorieva, A. A. Firsov：*Science*, **306**, 666–669（2004）.

［9］　S. Ichinokura, K. Sugawara, A. Takayama, T. Takahashi, S. Hasegawa：*ACS Nano*, **10**, 2761–2765（2016）.

［10］　Y. Cao, V. Fatemi, S. Fang, K. Watanabe, T. Taniguchi, E. Kaxiras, P. Jarillo-Herrero：*Nature*, **556**, 43–50（2018）.

［11］　H. F. Liu, S. L. Wong, D. Z. Chi：*Chem. Vap. Deposition*, **21**, 241–259（2015）.

［12］　A. Chaves, J. G. Azadani, Hussain Alsalman, D. R. da Costa, R. Frisenda, A. J. Chaves, S. H. Song, Y. D. Kim, D. He, J. Zhou, A. Castellanos-Gomez, F. M. Peeters,

Z. Liu, C. L. Hinkle, S.-H. Oh, P. D. Ye, S. J. Koester, Y. H. Lee, Ph. Avouris, X. Wang, T. Low：*npj 2D Mater. Appl.*, **4**, 29（2020）.

[13] J. G. Bednorz, K. A. Müller：*Z. Physik B-Condensed Matter*, **64**, 189–193（1986）.

[14] M. K. Wu, J. R. Ashburn, C. J. Torng, P. H. Hor, R. L. Meng, L. Gao, Z. J. Huang, Y. Q. Wang, C. W. Chu：*Phys. Rev. Lett.*, **58**, 908–910（1987）.

[15] Y. Kamihara, T. Watanabe, M. Hirano, H. Hosono：*J. Am. Chem. Soc.*, **130**, 3296–3297（2008）.

[16] C. R. Dean, A. F. Young, I. Meric, C. Lee, L. Wang, S. Sorgenfrei, K. Watanabe, T. Taniguchi, P. Kim, K. L. Shepard, J. Hone：*Nat. Nanotechnol.*, **5**, 722–726（2010）.

[17] M. Zastrow：*Nature*, **572**, 429–432（2019）.

[18] Y. Xu, Z. Shi, X. Shi, K. Zhang, H. Zhang：*Nanoscale*, **11**, 14491（2019）.

[19] Y. Xia, D. Qian, D. Hsieh, L. Wray, A. Pal, H. Lin, A. Bansil, D. Grauer, Y. S. Hor, R. J. Cava, M. Z. Hasan：*Nat. Phys.*, **5**, 398–402（2009）.

[20] Y. L. Chen, J. G. Analytis, J.-H. Chu, Z. K. Liu, S.-K. Mo, X. L. Qi, H. J. Zhang, D. H. Lu, X. Dai, Z. Fang, S. C. Zhang, I. R. Fisher, Z. Hussain, Z.-X. Shen：*Science*, **325**, 178–181（2009）.

[21] 日本表面科学会 編：『表面物性』，共立出版（2012）．

[22] J. Yuhara, G. Le Lay：*Jpn. J. Appl. Phys.*, **59**, SN0801（2020）.

[23] S.-Y. Ding, W. Wang：*Chem. Soc. Rev.*, **42**, 548–568（2013）.

[24] R. Sakamoto, N. Fukui, H. Maeda, R. Matsuoka, R. Toyoda, H. Nishihara：*Adv. Mater.*, **31**, 1804211（2019）.

[25] H. Maeda, K. Takada, N. Fukui, S. Nagashima, H. Nishihara：*Coord. Chem. Rev.*, **470**, 214693（2022）.

第2章

配位ナノシートの基礎

2.1 金属錯体の基礎

　第1章では，二次元物質の構造や性質の面白さを述べた．二次元物質は，グラフェンや黒リンのように単一元素から構成されているものや，二硫化モリブデン（MoS_2）や二セレン化タングステン（WSe_2）のように無機化合物から構成されているものが多い．本書では，二次元物質の構成要素が金属元素と有機分子からなる金属錯体である「配位ナノシート」に焦点をあてる．金属錯体は，金属原子とそれに結合する配位子（リガンド）とよばれる単原子や分子からなる．二次元物質を合成するには，金属錯体の幾何構造と電子構造を理解することが不可欠だ．特に，遷移金属[2]の錯体は様々な幾何構造をとりうるので，金属や配位子の組合せでどのような幾何構造の金属錯体が構築されるのかを予測できることが求められる．本章では，配位ナノシートに関わる金属錯体の基本的な構造や性質として，配位構造，配位数，キレート配位子，結晶場理論について解説する．

2　遷移金属とは周期表の第3族から第12族に位置する金属元素の総称．

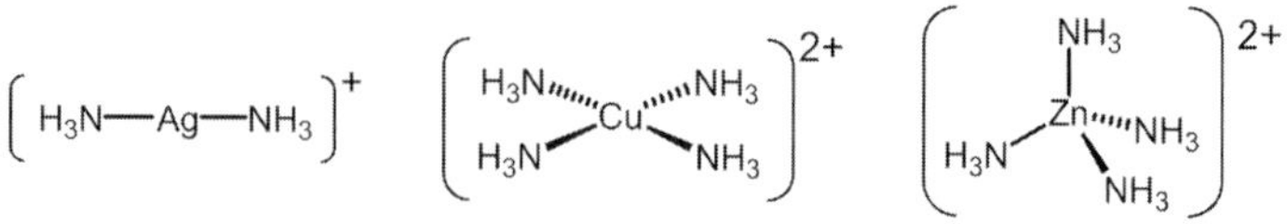

図 2.1　$[Ag(NH_3)_2]^+$, $[Cu(NH_3)_4]^{2+}$, $[Zn(NH_3)_4]^{2+}$の化学構造

2.1.1　配位数と配位構造

　高校の化学の授業で習った錯体（錯イオン）を振り返ると，錯体は様々な化学構造をもち，金属イオン周囲の配位子の数にも違いがあったことが思い出されるだろう．例えば，銀イオン（Ag^+）と2つのアンモニア分子からなる錯体 $[Ag(NH_3)_2]^+$ は直線状の構造であるのに対し，銅イオン（Cu^{2+}）は4つのアンモニア分子とともに平面正方形の錯体 $[Cu(NH_3)_4]^{2+}$ を構築する．また，同じ4つのアンモニア分子からなる錯体であっても金属イオンが異なると正四面体形の構造となる（図2.1）．金属イオンに配位する原子の数や錯体の幾何構造（配位構造）は何で決まっているのだろうか．金属イオンと結合している配位原子（配位子の中で金属イオンに直接結合している原子）の数を配位数という．一般的に，金属イオンの半径が大きくなるほど（周期表において下の周期になるほど）配位数も大きくなる傾向がみられる．特に主要族金属元素やランタノイド類において，金属イオン半径の影響が大きく，ランタノイド類においては配位数12の錯体も存在する．また，d–ブロックの遷移金属の場合は最外殻であるd軌道の電子配置が大きく影響する．これらの要因により金属錯体は多様な幾何構造を形成する．表2.1に配位数2〜6における代表的な幾何構造を示す．

2.1.2　配位子の種類と電子数

　金属原子と結合する配位子は数多く存在するが，そのほとんどが

表 2.1 配位数 2〜6 における代表的な幾何構造. 構造図中, 灰色球体が中心金属イオン, 白色球体が配位原子を示す.

配位数	幾何構造	構造図	配位数	幾何構造	構造図
2	直線形 (Linear)		5	三方両錐形 (Trigonal bipyramidal)	
3	平面三角形 (Trigonal planar)		5	四角錐形 (Square pyramidal)	
4	平面四角形 (Square planar)		6	八面体形 (Octahedral)	
4	四面体形 (Tetrahedral)		6	三角柱形 (Trigonal prismatic)	

中性で非共有電子対をもっているか, 負の電荷をもつイオンである. 例外にはニトロシル配位子 NO^+ がある. 金属と結合する配位原子の数の増加にしたがって, 単座, 二座, 三座配位子 (二座以上を総括して多座配位子) とよばれ, 1 つの金属原子に 2 カ所以上の配位原子が結合する多座配位子をキレート配位子, その錯体をキレート錯体とよぶ. キレート配位子は一般的に単座配位子と比べて, 金属原子とより強く結合する. 代表的な配位子と金属原子への結合電子数を表 2.2〜2.5 に示す. 結合電子数の数え方としては中性配位子法と電子対供与法の 2 種類があるが, 以下の表では後者の方法で結合電子数を数えている. 中性配位子法は, 金属原子と配位子が中性 (価数が 0) であるとして電子数を数える. 配位子は非

表2.2 単座配位子の例

結合電子数	配位子名	化学式・化学構造
2	ハロゲン化物イオン (フルオロ, クロロ, ブロモ, ヨード)	X^- (X=F, Cl, Br, I)
2	ヒドリド	H^-
2	ヒドロキソ	OH^-
2	カルボニル	$:CO$
2	ホスフィン	$:PR_3$ (R は置換基)
2	アンミン	$:NH_3$
2	アミン	$:NR_3$ (R は置換基)
2	アクア	$H_2O:$
2	オキソ (oxo)	O^{2-}
2	スルフィド	S^{2-}
2	チオラト	RS^- (R は置換基)
2	シアナト	CN^-
2	チオシアナト	SCN^- (S が配位する)
2	イソチオシアナト	NCS^- (N が配位する)
2	ピリジン (py)	:N⬡

共有電子対で配位する二電子供与体（CO, NH_3, NR_3, PR_3 など，R は置換基）と，一電子供与体のラジカル種（H, アルキル基，ハロゲンなど）に分けて考える．前者は L 型配位子，後者は X 型配位子とよばれる．L 型配位子の結合電子数は 2，X 型の結合電子数は 1 と数える．配位子の結合電子数の和に，金属原子の最外殻の d 軌道にある電子数を加え，最後に錯体が電荷をもつ場合には必要な電子数を加減すると金属錯体全体が何電子錯体かが求められる．電

表 2.3 二座配位子の例

結合電子数	配位子名	化学式・化学構造
4	エチレンジアミン (en)	H₂N̈ — N̈H₂
4	ビス（ジフェニルホスフィノ）エタン (dppe)	Ph₂P̈ — P̈Ph₂
4	オキサラト (ox)	
4	2,2′-ビピリジン (bpy)	
4	1,10-フェナントロリン (phen)	
4	8-キノリノラト	
4	ジピロメテン	
4	2,4-ペンタンジオナト （アセチルアセトナト，acac）	
4	2,2′-ビス（ジフェニルホスフィノ）- 1,1′-ビナフチル (BINAP)	
4	ベンゼンジチオラト	

表 2.4　三座以上の多座配位子の例. 化学構造中の M は金属イオンを示す.

結合電子数	配位子名	化学構造
6	ジエチレントリアミン	
6	2,2′ : 6′,2″-テルピリジン (tpy, terpy)	
6	2,6-ピリジンジカルボキシレート	
8	1,4,8,11-テトラアザシクロテトラデカン	
8	ポルフィリン	
8	フタロシアニン	
8	サレン	
12	エチレンジアミン四酢酸 (H_4edta)	
12	18-クラウン-6	

表 2.5　複数の隣接原子が等しく金属イオンに配位する配位子の
　　　　例. 化学構造中の M は金属イオンを示す.

結合電子数	配位子名	化学構造
2	η^2-二水素	H——H │ M
2	η^2-アルケン	H_2C══CH_2 │ M
2	η^2-アルキン	RC══CR │ M
4	η^3-アリル	M
4	η^4-ジエン	M
6	η^5-シクロペンタジエニル (Cp)	M
6	η^6-ベンゼン	M

　子対供与体法では，配位子は電子を対として中心金属に与えるもの
として考え，中心金属の電子数はその金属の族番号から酸化数を差
し引いたものとなる．したがって，中性配位子法で X 型に分類さ
れる配位子はすべてアニオン種としてみなされ，二電子供与体（結
合電子数 2）となる．L 型配位子は結合電子数 2 のまま変わらない．
金属錯体全体が何電子錯体かを求める際には金属原子の最外殻 d

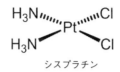

シスプラチン

中性配位子法		電子対供与体法	
	電子数		電子数
: NH₃	2	: NH₃	2
: NH₃	2	: NH₃	2
Cl	1	Cl⁻	2
Cl	1	Cl⁻	2
Pt	10	Pt²⁺	8
合計	16	合計	16

図2.2 中性配位子法と電子対供与体法で数えたシスプラチンの電子数.電子対供与体法で,金属錯体全体の価数は0なので,2つのCl⁻の負電荷（−2）を打ち消すため,白金は+2の電荷を帯びていると考える.

軌道の電子数に注意する.錯体全体の価数によって金属原子の電子数が増減するのに加え,配位しているX型配位子の数だけ金属原子の電子数を減らす必要がある.例えば抗癌剤に用いられる白金錯体シスプラチン（*cis*-ジアンミンジクロロ白金（II））の電子数を両方の方法で数えた場合,図2.2のようになる.白金原子はd軌道に10個の電子をもつ.錯体全体は中性（電荷0）なので電子数の増減がないが,X型配位子のClが2つ配位しているので電子数は2つ減らされる.したがって白金の電子数は$10-0-2=8$個となり,+2価の電荷を帯びた状態（Pt^{2+}）であることがわかる.

　また,多くの配位子は配位原子が明確であるが,配位子の中には複数の隣接原子が等しく金属イオンに配位できるものがある（表2.5）.このような場合,配位している原子の数を接頭辞ハプト（η）で表す.例えば,2つの隣接原子が等しく配位している場合はη^2

となる.

2.1.3 結晶場理論

　結晶場理論の説明に入る前に原子の電子配置について触れておこう. 高校までの化学では図 2.3a のような原子核を中心に K 殻, L 殻, M 殻, N 殻…が存在し, 順に電子が最大で 2, 8, 18, 32 個…入ることができる, といったモデルを扱ってきた. 実際の原子においてはこれらの殻はさらに s 軌道, p 軌道, d 軌道, f 軌道…と細分化され, それぞれの軌道に入ることができる電子の最大数は 2, 6, 10, 14 となる（図 2.3b）. そして, s 軌道以外の軌道はその軌道の形状によってさらに細分化される. 例えば結晶場理論で取り扱う d 軌道に関しては d_{xy}, d_{yz}, d_{zx}, $d_{x^2-y^2}$, d_{z^2} の 5 つがあり, 各軌道には電子が最大 2 個まで入ることができる.

　遷移金属およびそのイオンは d 軌道に最外殻電子をもち, 金属錯体を形成する際には d 軌道と配位子が強く相互作用する. したがって, 金属錯体の特性を理解するにあたっては, その相互作用により d 軌道と電子配置がどのように変化し, 金属錯体がどのような電子状態をもっているかを知る必要がある. 結晶場理論は金属錯体の電子状態を考える際の基本となる.

　結晶場理論においては配位子を点電荷（大きさを無視できる微小な物体に帯電した電荷）と考える. 金属イオンの周囲に点電荷が存在すると, 点電荷と金属イオンの d 軌道との間に電気的な相互作用が生じる. 点電荷と d 軌道が同じ軸上に存在するとクーロン反発により d 軌道のエネルギーが高くなる. 対して, 同じ軸上に存在していない場合は安定化され, エネルギーが低くなる. 正八面体形金属錯体を例に見ていこう.

　正八面体形金属錯体の場合, x, y, z 各軸上に原点（金属イオン

(a) 高校までに習う原子の電子配置

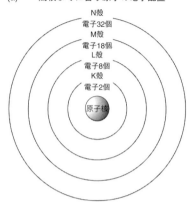

(b) より詳細な原子の電子配置

殻	N			
軌道	4s	4p	4d	4f
電子数	2	6	10	14
殻	M			
軌道	3s	3p	3d	—
電子数	2	6	10	—
殻	L			
軌道	2s	2p	—	—
電子数	2	6	—	—
殻	K			
軌道	1s	—	—	—
電子数	2	—	—	—

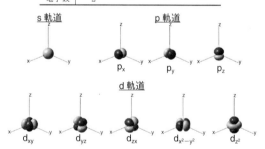

図2.3 （a）高校までに習う原子のモデルと電子配置．（b）より詳細な原子の電子配置の表と軌道の形状．軌道の形状における色の違いは，軌道の形状を数式的に表現した際の符号（＋と－）が異なる領域を示す．詳細は量子化学の成書を参考にされたい．

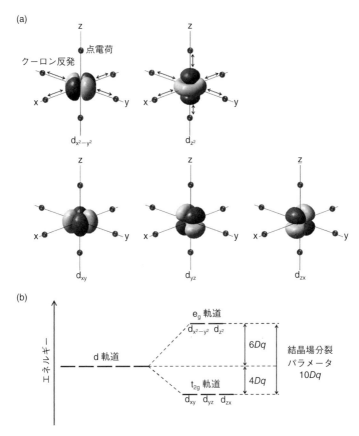

図2.4　(a) 正八面体形金属錯体における点電荷と各 d 軌道の分布図．(b) 結晶場理論による正八面体形金属錯体の d 軌道のエネルギー分裂．

の中心）から等しい距離に2つずつ点電荷が存在する（図2.4a）．
各 d 軌道の形を見ると，$d_{x^2-y^2}$ と d_{z^2} は点電荷に向かって軌道が張り
出しているのに対し，d_{xy}，d_{yz}，d_{zx} は点電荷の存在しない空間に軌
道が広がっている．したがって，もともと同じエネルギー準位にい
た5つの d 軌道[3]のうち，$d_{x^2-y^2}$ と d_{z^2} はエネルギーが高くなり，
d_{xy}，d_{yz}，d_{zx} はエネルギーが低くなるため軌道が分裂する（図
2.4b）．このとき，前者を e_g 軌道，後者を t_{2g} 軌道とよび，分裂に
より生じたエネルギー差（$10Dq$）を配位子場分裂パラメータ[4]とよ
ぶ．なお，元の d 軌道のエネルギー準位と比べると e_g 軌道は $6Dq$

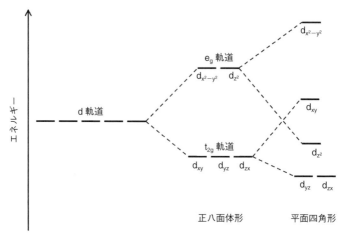

図2.5　結晶場理論に基づいた平面四角形金属錯体の d 軌道のエネルギー分裂

だけエネルギーが高く，t_{2g} 軌道は $4Dq$ だけエネルギーが低くなっている．

　次章で取り扱う完全平面系配位ナノシートでは平面四角形（平面四配位型）金属錯体がよく用いられている．平面四角形は正八面体形の z 軸上の 2 つの点電荷が取り除かれた形と考えられる．この場合，z 軸成分をもつ軌道はクーロン反発が小さくなりエネルギーが下がり，x 軸，y 軸成分をもつ軌道は相対的にエネルギーが上がるため図 2.5 で示すようなエネルギー準位となる．その他の配位構造についても同様にして d 軌道の分裂を考えることができる．

2.2　金属錯体で二次元構造をつくるには？

　配位ナノシートは無数の金属錯体が二次元平面（同一平面）に規則的に配列したポリマー（高分子）である．このような二次元構造体を金属錯体で実現するには適切な配位子の設計や金属イオンの選択が重要になる．本節では配位ナノシート構築のための基礎的な指針を述べる．

2.2.1　配位子設計と金属イオン選択

　2.1 節では金属イオン 1 つからなる金属錯体，単核錯体を考えていた．1 分子の金属錯体中に複数個の金属イオンが含まれる場合は多核錯体とよばれる．多核錯体のうち，金属イオンが 2 つや 3 つ

4　配位子場分裂パラメータの D と q は次式で表される．

$$D = \frac{35Ze}{4a^5}, \quad q = \frac{2er^4}{105}$$

ここで，$-Ze$ は配位子の電荷の大きさ，a は金属と配位子間の距離，r は d 軌道半径を表す [1]．

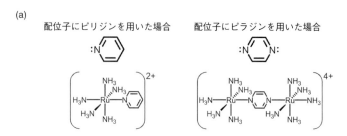

図2.6　（a）ピリジンを用いて形成される単核錯体と，ピラジンを用いて形成される二核錯体．（b）ピラジンで多数の錯体を接続して構築される一次元鎖状多核錯体．

の場合はそれぞれ二核錯体（複核錯体），三核錯体とよばれる場合もある．配位ナノシートは非常に分子量の大きな多核錯体と考えることができる．多核錯体を合成するには，金属イオンが配位可能な化学構造（配位サイト）を複数箇所有し，複数の金属イオンと結合できる配位子が必要である．例えば，配位サイトが1カ所のピリジンに代わり，2カ所のピラジンを配位子に用いると図2.6a に示すように二核錯体を合成できる［2］．ピラジンでこの二核錯体同士をさらに接続できれば，図2.6b に示すような一次元鎖状の多核錯体を合成できると考えられる．

　二次元周期構造体を構築するには，金属錯体か配位子に分岐点が必要である．配位子で分岐する場合は C_3，C_4，C_6 対称性[5] をもち，すべての配位サイトの方向が同一平面と平行となるような分子構造が望ましい．これらの条件を満たす配位子はより高い対称性である

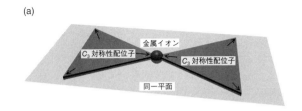

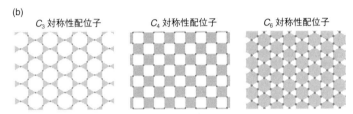

図2.7 (a) 金属錯体で二次元周期構造を作成する際の基本になる配位構造．配位子上の矢印は配位サイトの方向を示す．(b) C_3, C_4, C_6 対称性配位子を用いて形成される金属錯体二次元周期構造の模式図．

D_3, D_4, D_6 対称性[6] をもつ場合もある．さらに，金属イオンを中心に2つの配位子分子が対面の位置関係で配位し，2つの配位子に含まれるすべての配位サイトの方向が同一平面と平行に存在すると二次元周期構造体が構築できる（図2.7）．金属イオンとしては第4周期のd遷移金属が用いられることが多い．配位構造としては上

---

[5] C_n 対称性とは（360/n）度回転させたときに元の構造と同じ構造となる回転軸が存在すること．例えば正三角形は，正三角形の面に垂直で重心を通る軸を中心として120度回転させると，回転前と同じ形となるので C_3 対称性をもつ．分子対称性についてのより詳しい解説は成書に譲る．

[6] D_n 対称性とは，C_n 回転軸に垂直なn本の C_2 回転軸が存在する対称性．このとき，nは2より大きな整数で，最も大きなnをもつ C_n 回転軸を主軸とよぶ．正三角形は C_3 回転軸に垂直となる3本の C_2 回転軸（各頂点から重心を通過する軸）が存在するので D_3 対称性ももつ．

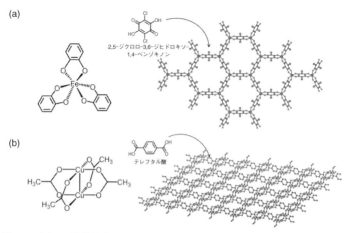

図 2.8 （a）C_3 対称性金属錯体および（b）C_4 対称性金属錯体と直線型配位子を用いて形成される金属錯体二次元周期構造の例.

記の条件を満たしやすい直線形や平面四角形が望ましいが，その他の配位構造でも配位ナノシートの合成は可能である.

　一方で，直線形の配位子と C_3，C_4 対称性をもつ金属錯体の組合せにより二次元周期構造体を構築することも可能である．例えば鉄イオンと 3 つのカテコール分子からなるトリス（カテコラト）鉄酸塩は D_3 対称性をもつ（図 2.8a）．このカテコール分子に代わり 2 カ所の配位サイトをもつ直線形配位子 2,5-ジクロロ-3,6-ジヒドロキシ-1,4-ベンゾキノンを用いることで二次元構造体の合成が報告されている [2]．また，酢酸銅は図 2.8b のように（酢酸イオン中のメチル基の水素の位置を考慮しない場合）D_{4h} 対称性[7]をもつ構造である．酢酸イオンをテレフタル酸などに変更して多数の銅錯体を接続することで格子状の二次元周期構造体が得られる [3]．

2.2.2 合成方法

これまでに様々な配位ナノシート合成法が開発されてきた．最も簡便な合成法は，通常の化学反応を行うときと同様に，適切な組合せの金属イオンと配位子を同一の溶液に加えて錯形成反応を行う方法である．この方法では目的物は固体粉末として得られるが，X線回折法（XRD）などにより結晶構造や周期性を調べると二次元周期構造が形成され，それが積み重なった構造（積層構造）となっていることを確認できる．必要に応じて加熱環境，高温・高圧環境（溶媒熱合成法（Solvothermal synthesis））で合成を行ってもよい．この積層構造をもつ粉末を化学的・物理的処理により剥離することで薄層配位ナノシートを得ることも可能である．

配位ナノシートをフィルム形状で獲得する場合には合成時の反応系を工夫し，金属錯体形成の反応場を二次元空間に制限することが重要である．その方法として2つの相の接合面である界面を利用する手法がある．

(A) 液液界面合成法

水と油のように互いに混じり合わない2つの溶媒の界面（液液界面）を利用する合成法である（図2.9a）．通常，水に金属塩を，水と混和しない有機溶媒に配位子を溶かし，両溶液を重ね合わせて静置する．液液界面で錯形成反応が進行し配位ナノシートが形成される．この手法で得られる配位ナノシートは多層膜である．界面全体にナノシートが形成されるため，反応容器を大きくすることでセンチメートルサイズのナノシートを合成することも可能である．

7　D_{nh} 対称性とは，D_n 対称性をもち，主軸 C_n に対して垂直な水平鏡映面（鏡映しにすることで元の構造を再現できる面）をもつ対称性である．正三角形は D_3 対称性をもち，さらに水平鏡映面（各頂点を通る面）ももつため D_{3h} 対称性をもつ．

(a) 液液界面合成法

←金属イオン溶液
←配位ナノシート
←配位子溶液

(b) 気液界面合成法

(b-1)　　　　　　　　　　　　　　　　　　(b-2)

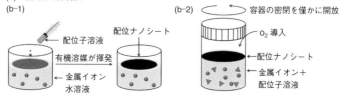

配位子溶液

配位ナノシート

有機溶媒が揮発

←金属イオン
　水溶液

容器の密閉を僅かに開放

O₂ 導入

←配位ナノシート

←金属イオン＋
　配位子溶液

(c) 固液界面合成法

(c-1)　　　　　　　　　　　　　　　　　　(c-2)

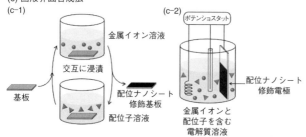

金属イオン溶液

交互に浸漬

基板

配位ナノシート
修飾基板

配位子溶液

ポテンショスタット

配位ナノシート
修飾電極

金属イオンと
配位子を含む
電解質溶液

(d) 固気界面合成法

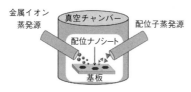

金属イオン
蒸発源

真空チャンバー

配位子蒸発源

配位ナノシート

基板

図2.9　界面を利用した配位ナノシート合成法の例

(B) 気液界面合成法

　溶液と気体の界面を利用した合成法であり，いくつかの方法が報告されている．

　1つの方法では，金属イオン水溶液上に配位子の有機溶液を少量散布する（図2.9b-1）．有機溶媒が揮発すると水溶液表面に配位子が残され，溶液と気相（大気や不活性ガス）との界面で錯形成反応が進行し，配位ナノシートが形成される．この手法は液液界面合成よりも薄い膜厚の配位ナノシートの合成に用いられ，単層ナノシートの合成も報告されている．水面に形成された配位ナノシートを容易に回収するため，反応容器としてLangmuir-Blodgett膜（LB膜）作製装置が用いられることもある．

　ビス（ジイミノ）金属錯体をモチーフとした配位ナノシート（第3章を参照）では酸化反応が必要となる．不活性ガス環境で金属イオンと配位子を溶解したのち，反応系に大気をゆっくりと導入すると，大気中の酸素が酸化剤としてはたらき，液面に配位ナノシートが形成される（図2.9b-2）．

(C) 固液界面合成法

　溶液中で基板表面に配位ナノシートを形成する手法である．配位ナノシートは基板上に担持された状態で得られる．

　1つは逐次的錯形成法である（図2.9c-1）．基板表面に金属イオンを担持するための化学修飾を施し，金属イオン溶液と配位子溶液に交互に基板を浸漬する（またはそれぞれの溶液を交互にスプレーする）ことで配位ナノシートを形成する．

　その他の方法としては電気化学的手法がある（図2.9c-2）．ビス（ジイミノ）金属錯体をモチーフとした配位ナノシートについて，金属イオンと配位子を溶解した電解質溶液に電極を浸漬し，適切な

酸化電位を印加することで，電極表面に配位ナノシートを合成する手法が報告されている．また，配位子のみを含む電解質溶液に金属電極を浸漬し，金属電極がイオン化される酸化電位を印加することで電極表面から金属イオンを供給して配位ナノシートを合成する手法も報告されている．

(D) 固気界面合成法

　気化させた配位子や金属を基板表面に蒸着して配位ナノシートを合成する手法であり，超高真空装置が用いられることもある（図2.9d）．超高真空装置に走査型トンネル顕微鏡（STM）などの観察・分析装置が接続されている場合，合成した配位ナノシートを大気に晒すことなく構造や電子状態の観察が行える．

　本章では金属錯体の基礎と配位ナノシートを合成するための基本的な設計指針や合成法の例を紹介した．次章より具体的な配位ナノシートの合成例・応用例について紹介する．

文献

[1] 東京大学教養学部化学部会 編：『化学の基礎77講』，東京大学出版会（2003）．

[2] C. Creutz, H. Taube：*J. Am. Chem. Soc.*, **91**, 3988（1969）．

[3] J. A. DeGayner, I.-R. Jeon, L. Sun, M. Dincă, T. D. Harris：*J. Am. Chem. Soc.*, **139**, 4175（2017）．

[4] G. Zhan, L. Fan, F. Zhao, Z. Huang, B. Chen, X. Yang, S.-f. Zhou：*Adv. Funct. Mater.*, **29**, 1806720（2019）．

完全平面系配位ナノシートの
構造と機能

　本書では配位ナノシートを完全平面系配位ナノシートと不完全平面系配位ナノシートの2種類に大別して取り扱う．前者は簡単に述べると，シート1枚を横から見たときに原子1層分の膜厚しかもたない配位ナノシートである．このような配位ナノシートを合成するには，配位子はベンゼンやトリフェニレンのような平面π共役骨格からなり，金属イオンに配位する配位元素もこれらの骨格構造と同一平面に存在している必要がある．加えて，金属錯体部位は平

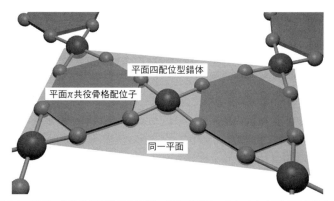

図3.1　平面π共役骨格配位子と平面四配位型錯体からなる完全平面系配位ナノシートの概念図

面四配位形や直線形の配位構造をとることで，金属イオンとすべて
の配位元素が同一平面に存在できるようになる（図 3.1）．配位子
設計によってはすべての構成元素を完全に同一平面に収めることは
困難となるが，本章では π 共役系骨格からなる配位子を平面形配
位構造の錯体によって連結して構築される配位ナノシートを完全平
面系配位ナノシートと考えることとする．不完全平面系配位ナノ
シートにおいては二次元構造を形成するための適切な分子設計は求
められるものの，完全平面系配位ナノシートよりも設計上の制限は
緩和されるため，より立体的な配位構造や配位子設計も許容され
る．この章では完全平面系配位ナノシートに注目し，それらの物性
や応用例について解説する．

3.1　完全平面系配位ナノシートの誕生と展開

　完全平面系配位ナノシートの代表例としては，2013 年に報告さ
れた平面四配位型のビス（ジチオラト）ニッケル錯体を基本骨格に
もつ配位ナノシート，$Ni_3(BHT)_2$ が挙げられる（図 3.2a，[1]）．
$Ni_3(BHT)_2$ が誕生するもとになったのは図 3.2b に示すベンゼンヘ
キサチオール（BHT）で 3 つのジチオラト金属錯体を連結した三核
金属錯体である [2]．ジチオラト金属錯体は金属イオンの d 軌道
と配位子の π 軌道の相互作用（d–π 相互作用）により擬芳香族性を
示す（図 3.2c）[3]．したがって，平面 π 共役系のベンゼン骨格で
繋がれた 3 つの金属錯体間には電子的相互作用が存在し，混合原子
価状態にある．もし BHT で無限個の金属錯体を連結したらどうな
るだろうか？　二次元状に連結されたすべての金属錯体間に電子的
相互作用が生まれ，構造全体に拡張された π 共役系を伝わって自
由に電子が移動できる，すなわち金属が自由電子をもつことで電気

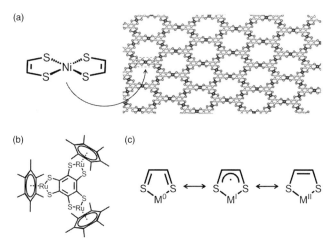

図 3.2 (a) 平面四配位ビス（ジチオラト）ニッケル錯体の化学構造と，Ni_3(BHT)$_2$ 配位ナノシートの構造モデル．(b) 三核ジチオラトルテニウム錯体の化学構造．(c) ジチオラト金属錯体の擬芳香族性に由来する共鳴構造．

伝導性（電気を流す特性，導電性）を示すように，電気伝導性を示す二次元金属錯体ポリマーとなるのではないだろうか？　このような発想から Ni_3(BHT)$_2$ は合成され，実際に半導体程度の電気伝導性をもつことが示された．この報告を皮切りに完全平面系配位ナノシートに関する研究は，新規配位ナノシートの合成と物性評価，計算科学に基づく電子状態の解明や発現しうる物性の探索，特性の発現機構解明などへと幅広く展開されていった．

　研究の発展に伴い，様々なバリエーションの配位ナノシートが誕生してきた．図 3.3 にこれまでに報告されている金属イオンと配位子の例を示す．まず，金属イオンに関して，Ni^{2+}，Pd^{2+}，Pt^{2+} など平面四角形の錯体を形成する傾向があるものに加えて，四面体形や

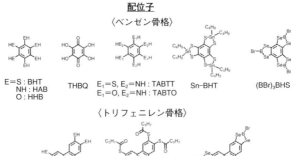

金属イオン

Mg²⁺, Mn²⁺, Fe²⁺, Co²⁺, Ni²⁺, Cu²⁺, Zn²⁺, Pd²⁺, Pt²⁺, Ag⁺, Au³⁺

配位子

〈ベンゼン骨格〉

E＝S：BHT
　NH：HAB
　O：HHB

THBQ

E₁＝S, E₂＝NH：TABTT
E₁＝O, E₂＝NH：TABTO

Sn−BHT

(BBr)₃BHS

〈トリフェニレン骨格〉

E＝S：THT
　NH：HATP
　O：HHTP

HBuTT

TPHS

〈フタロシアニン骨格〉

MPc(EH)₈
E＝NH,O
M＝Fe, Ni, Cu, Zn

NiNPc(OH)₈

〈その他の骨格〉

E＝O, A＝CH：HHTN
E＝NH, A＝N：HAHATN
E＝O, A＝N：HATNA

HHTT

PTC

HHTX

HHTC

図3.3　完全平面系配位ナノシートの構築に用いられる金属イオンの種類と配位子の化学構造

八面体形のような立体的な配位構造を形成する傾向のある金属イオンも含まれている．おそらく，d–π相互作用によって生み出される擬芳香族性が平面配位構造の形成に寄与していると考えられる．配位子に関しては，ベンゼン骨格とトリフェニレン骨格を有するものを用いた報告例が最も多く，機能性の拡張や向上を目指してフタロシアニン骨格や，より大きなπ共役系構造からなる配位子を用いての合成例も増加している．また，配位に関与する元素はO，N，Sがよく用いられる．近年は，2,4,6-トリアミノ–1,3,5-ベンゼントリチオール（TABTT）や2,4,6-トリアミノ–1,3,5-ベンゼントリオール（TABTO）のように複数種類の配位元素をもつ配位子を用いてナノシートを合成した例も報告されている．少々特殊な例としては図3.4に示すようなテトラアザ［14］アヌレン錯体［4,5］やサレン錯体［6］をもつ配位ナノシートの合成も実現されており，電気伝導性評価やセンサー材料としての応用が行われている．これらのナノシートは2種類の有機配位子が反応して共有結合を形成するとともに金属イオンに配位することでネットワークを形成しており，

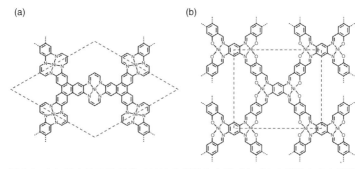

図3.4 （a）テトラアザ［14］アヌレン錯体および（b）サレン錯体からなる配位ナノシートの化学構造

配位ナノシートと共有結合性有機構造体（COF）の中間に位置する
ような物質と考えられる.

3.2 導 電 性

　通常，有機分子は導電性を示さず，有機分子と金属イオンからな
る多くの金属錯体ポリマーや金属–有機構造体（MOF）などもまた
導電性をもたない. 完全平面系配位ナノシートが導電性を示すの
は，前節に示すように，擬芳香族性をもつ金属錯体部位が平面 π
共役構造からなる配位子によって連結されることで，ナノシート構
造全体に拡張された π 共役系を電子が自由に移動できるためと解
釈すると化学的な感覚とよく一致するだろう. また，これらの導電
性完全平面系配位ナノシートのバンド構造を計算化学的に算出する
と，金属的もしくは小さなバンドギャップをもつ半導体的なバンド
構造が得られる. したがって，従来の金属錯体からなる物質群がそ
の絶縁性ゆえに応用困難であった分野においても，導電性完全平面
系配位ナノシートは新たなナノマテリアルとして活躍できる可能性
がある.

　導電性の完全平面系配位ナノシートを得るための基本的な設計指
針は次のようになる. 1つは，金属錯体部位がビス（ジチオラト）
金属錯体もしくはその類縁金属錯体のように擬芳香族性や π 共役
性をもつこと. そして，その金属錯体部位がベンゼン，トリフェニ
レン，フタロシアニンをはじめとする平面 π 共役系骨格からなる
配位子を介して接続されることである. このコンセプトに基づいて
完全平面系配位ナノシート合成に用いられてきたのが，先述の図
3.3 に掲載した金属イオンや配位子である.

　図3.3 に示した金属イオンと配位子の中には，配位ナノシート形

成時に複数の化学構造を構築できるものもある．例えば BHT を用いて合成された配位ナノシートについては図3.5に示す2つの二次元化学構造が報告されている．1つは空孔を有する $M_3(BHT)_2$ 構造であり，もう1つは $M_3(BHT)_2$ の空孔にさらに配位子と金属イオンが入り込んだ M_3BHT 構造である．現在のところ，どちらの構造が形成されるかは主に使用する金属イオンに依存すると考えられている．なお，Ni に関しては合成条件に依存して $M_3(BHT)_2$ 構造と M_3BHT 構造の両方が報告されている．また，Ag^+ イオンと BHT の組合せにおいては，M_3BHT 型構造の他に三次元構造 MOF の形成も報告されており［7,8］，目的の構造体を得るには精密な合成条件の調整が必要である．配位子にヘキサヒドロキシベンゼン（HHB），あるいは，テトラヒドロキシ-1,4-ベンゾキノン（THBQ）を用いた場合，溶液中での合成では $M_3(BHT)_2$ 構造のナノシートとなるが［9-11］，真空中で基板表面に配位子を蒸着して合成した場合に M_3BHT 構造の配列をもつナノシートの形成が報告されている［12］．

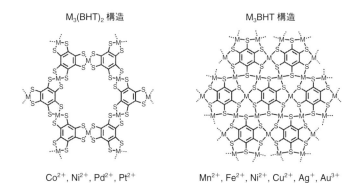

図3.5 $M_3(BHT)_2$ 構造および M_3BHT 構造の化学構造と，それぞれの構造を与える金属イオン種

本章では金属イオン M^{n+} と配位子 L を用いて構築される配位ナノシートについて，$M_3(BHT)_2$ と同様の空孔構造を有する場合は $M_3(L)_2$，M_3BHT と同様の構造を有する場合は M_3L といった形式で表現し，これらの形式での表現が困難なものに関しては適宜命名する.

　ここまで，導電性完全平面系配位ナノシートの設計方針や，原料に利用できる金属イオン・配位子，形成される化学構造などについて述べてきた．それでは完全平面系配位ナノシートを合成した場合，その導電性をどのように評価すればよいだろうか．ここからは導電性評価の手法についてごく簡単に解説する.

3.2.1　配位ナノシートの電気伝導性評価

　配位ナノシートの合成法は 2.2 節に挙げたように様々な手法が報告されているが，得られる試料の形体は多くの場合，薄膜か粉末である．これらの配位ナノシートの電気伝導性を評価する場合，薄膜形状であれば絶縁性の基板上に載せた後に，フィルムに直接電極を取り付けて電気伝導性を測定することも可能である．しかし粉末試料として得られた場合，直接電極を取り付けることは困難である．この場合，メノウ乳鉢でよくすり潰した試料をプレス機で押し固めてペレットを作製し，それに電極を取り付けて電気伝導性を評価できる．なお，試料が薄膜形状である場合も必要に応じてペレット化して測定を行ってもよい.

　こうして用意した試料の電気伝導性評価を行う際の手法は 2 本の電極を用いる二端子法（図 3.6a）と，4 本の電極を用いる四端子法の 2 つに大別される（図 3.6b–d）.

　二端子法は試料に 2 つの電極を取り付け，一方の電極に対してもう一方の電極に電圧を印加し，そのときに試料を介して流れる電流

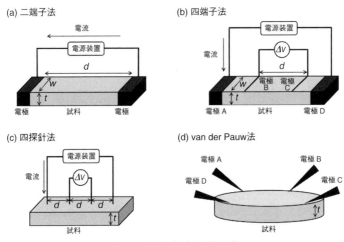

図 3.6 電気伝導度の評価手法

値から試料の抵抗値を得る手法である（図 3.6a）．抵抗値が得られると下記の手順で試料の電気伝導率 σ を得ることができる．まず，厚さ t で幅 w の試料に電極を距離 d だけ離して取り付け，この二電極間に電圧 V を印加して電流 I を観測したとすることを考える．このときの試料の抵抗 R はオームの法則より

$$R = \frac{V}{I}$$

として求めることができる．また，R は抵抗率 ρ を用いて下記の式で表せる．

$$R = \rho \frac{d}{A}$$

ここで A は電流を流した物質の断面積であり，今考えている例においては厚さ t と幅 w の積（$A = tw$）である．また，電気伝導率 σ

は抵抗率 ρ の逆数であるので

$$\sigma = \frac{1}{\rho}$$

と表せる．以上をまとめると電気伝導率 σ は下記の式で表される．

$$\sigma = \frac{d}{Rtw}$$

計算時に値を代入する場合には単位に注意し，d, t, w について複数種類の単位を混在させてはいけない．値をすべてメートル単位で代入した場合，得られる電気伝導率の単位は $S\,m^{-1}$（ジーメンス毎メートル）となる．電気伝導率は $S\,cm^{-1}$ 単位で報告されていることも多く，$1\,S\,m^{-1} = 0.01\,S\,cm^{-1}$ である．電気伝導率と抵抗率の関係式からわかる通り，抵抗率が小さいほど電気伝導率が大きい，すなわち電気伝導性が高いということになる．目安として絶縁体の電気伝導率は $10^{-8}\,S\,cm^{-1}$ より小さく，半導体が $10^{-8} \sim 10^{3}\,S\,cm^{-1}$，導体は $10^{3}\,S\,cm^{-1}$ 以上となる．さて，二端子法を用いて配位ナノシートの電気伝導性評価を行う場合には，電気伝導率 σ の導出手順からわかるように，抵抗値以外の情報も計算の際に必要である．試料の厚さ（t）については原子間力顕微鏡（AFM）や膜厚計などで測定できる．電極の幅（w）や電極間距離（d）については試料の大きさによるが光学顕微鏡などを用いて測定できる．二端子法を用いる際に留意すべきなのが，接触抵抗（電極と試料の接合部分で生じる抵抗）の存在である．先程試料の抵抗 R と述べた値はより正確に言えば試料の抵抗 R_{sample} と接触抵抗 $R_{contact}$ の和である．

$$R = R_{sample} + R_{contact}$$

したがって，試料の抵抗は実際よりも大きく評価されており，結果として得られる電気伝導率 σ は試料それ自身の本来の値よりも低

く算出される点に留意する．しかし，二端子法による電気伝導性評価は実験のセットアップも簡便なため，配位ナノシートの電気伝導性評価や後述する化学抵抗性センサー（chemiresistive sensor）（3.5.2 項）にて電流応答を調べる際によく使用される．特に後者の化学抵抗性センサーにおいては櫛形電極を用いた測定がよく行われている．櫛形電極は図 3.7 のように 2 本の太い電極から伸びる細い電極を互い違いになるように配置したパターン電極である．細い電極の幅は数 μm〜10 μm 程度であり，それぞれの電極は 2〜5 μm 程度の間隔で 10〜100 対ほど作製されている．このような電極パターンを金，白金，炭素，酸化インジウムスズ（ITO）などを用いて，ガラスやポリマー薄膜に形成した櫛形電極が市販されている．電極パターン部分に配位ナノシートを載せ，2 本の太い電極と電源装置を接続して測定を行う．

　四端子法では，試料に 4 本の電極を取り付けて測定を行う．図 3.6b のように厚さ t，幅 w の試料に取り付けた二電極（電極 A，D）

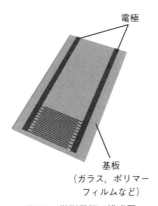

電極

基板
（ガラス，ポリマー
フィルムなど）

図 3.7　櫛形電極の模式図

間に電圧を印加し試料中に定電流 I を流し，その状態で電極 A，D 間に距離 d だけ離して取り付けた電極 B，C 間の電圧差 ΔV を測定する．このときの電気伝導率は

$$\sigma = \frac{Id}{\Delta V t w}$$

と与えられる．四端子法を用いるメリットは接触抵抗の影響を排除して測定対象の電気伝導率を評価できることである．特に抵抗の小さい試料の場合は二端子法では接触抵抗が測定結果に大きく影響するため，四端子法を用いて測定するのが望ましい．

　実際の配位ナノシートの測定において，試料はフィルム状もしくはペレット化されており，このような形状の試料に対しては四探針法（図3.6c）もしくは van der Pauw 法（図3.6d）による測定が行われる．四探針法では等間隔 d で直線状に並んだ4本のプローブ（針状の電極）を用いる．四端子法と同様に外側の二探針で定電流 I を流し，内側の二探針で電圧差 ΔV を測定する．このときの電気伝導率は

$$\sigma = \frac{I}{2\pi \Delta V d F}$$

と表される．F は試料形状に由来する補正因子である．また van der Pauw 法の場合には，4本のプローブは試料の四隅に置かれ，プローブ AB 間に電流 I_{AB} を流したときのプローブ CD 間の電圧差 ΔV_{CD} と，プローブ BC 間に電流 I_{AB} を流したときのプローブ DA 間の電圧差 ΔV_{DA} を測定し，それぞれ次式で示される抵抗 R_1, R_2 を得る．

$$R_1 = \frac{\Delta V_{CD}}{I_{AB}}$$

$$R_2 = \frac{\Delta V_{\mathrm{DA}}}{I_{\mathrm{BC}}}$$

このときの電気伝導率は試料の厚さ t と形状由来の補正因子 F を用いて

$$\sigma = \frac{2\ln 2}{\pi t (R_1 + R_2) F}$$

と表される．van der Pauw 法の原理は複雑な数学的背景に基づいているので，興味のある方は専門書を参考にしていただきたい．

　配位ナノシートの電気伝導性を解釈する際には，得られた電気伝導率には試料由来の様々な要素が関与していることにも気を配る必要がある．例えばペレット化した試料の場合，押し固められた粒子と粒子の間は化学的に結合しているわけではなく，物理的に接触しているのみと考えられ，粒子間を跨いだ電子移動の寄与が測定結果に含まれる．また，配位ナノシートのフレーク1枚について電気伝導性を測定したとしても，そのフレークは完全な一枚岩の結晶ではなく，内部では小さな結晶性の領域（ドメイン）が様々な方向を向いて成長して存在している．それら結晶性ドメイン同士が接触または非結晶性（アモルファス）の領域が結晶性ドメイン間を繋ぐことで1つのフレークを形成している，というのがほとんどの配位ナノシートの現状である．したがって，結晶性ドメイン間の接続部分やアモルファス領域の影響が測定値に含まれてくる．また，同じ金属イオンと配位子からつくられた配位ナノシートであっても，結晶性の高いものと，結晶性が低くアモルファス領域の多いものとでは得られる電気伝導率も異なってくる．これらの影響を完全に排除し，配位ナノシートそのものの電気伝導率をはじめとした物理特性を評価するのは非常に困難である．近年，配位ナノシートの単結晶を得て，その電気伝導性の評価を行った例が報告されている（3.2.2 項

(F)). この場合，様々な影響を除外して配位ナノシート固有の特性を評価できると期待される．ただし，単結晶であっても結晶内部に欠陥が存在する可能性があるため注意が必要である．

3.2.2 電気伝導性配位ナノシート

　ここからは実際に報告された配位ナノシートの電気伝導特性について見ていこう．図3.3に挙げたように様々な金属イオンと配位子を用いた多種多様な導電性配位ナノシートが報告されているが，本項ではいくつかの例に絞って紹介する．

(A) 金属イオンと電気伝導特性

　これまでに様々な金属イオンと配位子を用いて導電性配位ナノシートが合成されてきているが，配位子としてはシンプルな化学構造を有するベンゼン骨格，トリフェニレン骨格を用いた例が多い．中でもベンゼン骨格配位子のBHTとヘキサアミノベンゼン（HAB）については多くの金属イオンを用いて合成されてきているため，金属イオンと配位ナノシートの電気伝導性の関係を俯瞰するのに適している．BHTおよびHABを用いて合成された配位ナノシート群の電気伝導率の一覧をそれぞれ表3.1，表3.2に示す．この表に引用した文献以外にも電気伝導率を報告している文献が存在すること，また，試料によって測定条件や合成法などが異なることを踏まえて比較していただきたい．

　まずBHTを用いた配位ナノシートに関して，Cu_3BHTの電気伝導率が突出している．また，Ag_3BHTも優れた電気伝導特性を示す．Mn，Fe，Niに関しては金属錯体ポリマーとしては電気伝導率が大きく，Niに関してはその化学構造（$Ni_3(BHT)_2$またはNi_3BHT）によらず同程度の電気伝導率を示している．周期表にて下の周期に位

表3.1　金属イオン M^{n+} と BHT からなる配位ナノシートの電気伝導率

M^{n+}	構造	形態	測定法	測定温度	σ/S cm^{-1}	文献
Mn^{2+}	M_3BHT	薄膜	van der Pauw	室温	0.39	[13]
Fe^{2+}	M_3BHT	薄膜	四端子	室温	0.68	[14]
Ni^{2+}	$M_3(BHT)_2$	薄膜	van der Pauw	300 K	2.8	[15]
Ni^{2+}	M_3BHT	ペレット	van der Pauw	298 K	~5	[16]
Cu^{2+}	M_3BHT	薄膜	四探針	室温	2500	[17]
Pd^{2+}	$M_3(BHT)_2$	ペレット	四端子	298 K	2.8×10^{-2}	[18]
Pt^{2+}	$M_3(BHT)_2$	ペレット・薄膜	二端子	—	$\sim10^{-7}$	[19]
Ag^+	M_3BHT	薄膜	四探針	—	290	[20]
Au^{3+}	M_3BHT	薄膜	四探針	—	9.15×10^{-5}	[20]

表3.2　金属イオン M^{n+} と HAB からなる配位ナノシートの電気伝導率

M^{n+}	形態	測定法	測定温度	σ/S cm^{-1}	文献
Mn^{2+}	ペレット	van der Pauw	300 K	107.7	[21]
Fe^{2+}	ペレット	van der Pauw	300 K	149.2	[21]
Co^{2+}	ペレット	四探針	298 K	1.57	[22]
Ni^{2+}	ペレット	van der Pauw	300 K	8	[23]
Cu^{2+}	ペレット	van der Pauw	300 K	13	[23]

置する Pt，Au を用いたものは電気伝導性が低く，さらに同族元素で比較した場合，周期が下がるにつれて，Ni → Pd → Pt，Cu → Ag → Au の順で電気伝導率が減少している．第9族の金属イオンと BHT 配位子を用いて合成された三核金属錯体（[M_3BHT(η^5-$C_5(CH_3)_5$)$_3$]，M＝Co, Rh, Ir）において金属錯体間の相互作用が Co → Rh → Ir の順に弱まることが報告されており [2]，この配位ナノシートの電気伝導率減少も金属錯体間の相互作用の低下が1つの要因と考えられる．一方で HAB を用いた配位ナノシート群については，Mn と Fe を用いた際に高い電気伝導率が得られているが，いずれも 1～100 S cm^{-1} オーダーの金属錯体ポリマーとしては

優れた電気伝導率を示す．これらの結果を見ると，電気伝導特性に優れた配位ナノシートを得るには，第4周期の金属イオンである Mn〜Cu を用いるのが適していると考えられる．

(B) 配位子構造と電気伝導特性

　次に配位子の化学構造と電気伝導特性の関係を見ていこう．まずはベンゼン骨格の配位子と銅イオンからなる配位ナノシートについて比較し，金属イオンへの配位元素が電気伝導特性に与える影響を考える．表 3.3 を見ると配位元素が S である Cu_3BHT の電気伝導率が一歩抜きん出ている．続いて Se が配位元素の Cu_3BHS，NH が配位する $Cu_3(HIB)_2$ となり，O が配位元素である $Cu_3(THBQ)_2$ の電気伝導率はさらに 9 桁も低い．Cu_3BHT と Cu_3BHS は M_3BHT 型構造をとっており，その密に充塡された化学構造が優れた電気伝導特性の発現に寄与していると考えられる．しかし，表 3.1 と表 3.2 で同じ金属イオンを用いた配位ナノシート同士を比較すると，HAB を用いたものが M_3BHT 型の配位ナノシートの電気伝導率を上回っている例もあり，化学構造のみならず，金属イオンと配位子間の相互作用なども電気伝導特性に関与していると考えられる．$Cu_3(HIB)_2$ は金属錯体ポリマーとしては高い電気伝導率を示しているが，表に示した文献以外の報告例においてより低い電気伝導率も報告されている（0.11 S cm^{-1} [25]，〜10^{-3} S cm^{-1} [26]，2.15×10^{-5} S cm^{-1} [27]）．電気伝導特性に影響を与える要因として結晶性が挙げられ，$M_3(HIB)_2$ の電気伝導率は試料の結晶性に鋭敏に影響される可能性がある．ただしそれらの報告例においても $Cu_3(THBQ)_2$ よりは電気伝導率が高い．対して，トリフェニレン骨格の配位子とコバルトイオンを用いた配位ナノシートの場合，表 3.4 に示すように配位元素が O，NH，S の配位子については電気伝導率に大きな差は見ら

表3.3　ベンゼン骨格配位子と銅イオンからなる配位ナノシートの電気伝導率

	Cu$_3$(THBQ)$_2$	Cu$_3$(HIB)$_2$	Cu$_3$BHT	Cu$_3$BHS
配位元素	O	NH	S	Se
試料形態	ペレット	ペレット	薄膜	ペレット
測定法	van der Pauw	van der Pauw	四探針	四探針
測定温度	室温	300 K	室温	300 K
σ/S cm^{-1}	7.3×10^{-8}	13	2500	110
文献	[9]	[23]	[17]	[24]

表3.4　トリフェニレン骨格配位子とコバルトイオンからなる配位ナノシートの電気伝導率

	Co$_3$(HHTP)$_2$	Co$_3$(HITP)$_2$	Co$_3$(THT)$_2$	Co$_3$(TPHS)$_2$
配位元素	O	NH	S	Se
試料形態	ペレット	ペレット	ペレット	ペレット
測定法	二端子	四探針	van der Pauw	二端子
測定温度	－	296 K	300 K	300 K
σ/S cm^{-1}	2×10^{-3}	2.4×10^{-2}	1.4×10^{-3}	$\sim 10^{-6}$
文献	[28]	[29]	[30]	[31]

れないが，配位元素が Se の場合は3〜4桁程度低くなる.

　続いて金属錯体間距離と電気伝導特性の関係を見てみよう．金属イオンに銅イオンを用い，配位子骨格をベンゼン，トリフェニレン，トリナフチレンと変化させてナノシート面内方向における金属錯体間距離を段々と長くした場合の電気伝導率を比較すると，Cu$_3$(HHTP)$_2$ が最高の電気伝導率を示し，最も金属錯体間距離の長い Cu$_3$(HHTN)$_2$ が最低の電気伝導率を示している（表3.5）．この Cu$_3$(HHTP)$_2$ と Cu$_3$(HHTN)$_2$ 間の差異は，配位子の骨格がトリフェニレンからトリナフチレンに変わり金属錯体間距離が長くなることで相互作用が弱まったため生じたと考えられる．それでは最も短い Cu–Cu 間距離をもつ Cu$_3$(THBQ)$_2$ が極めて低い電気伝導率を示し

表 3.5　銅イオンと配位元素が O の配位子からなる配位ナノシートの，配位子
化学構造と電気伝導率

	$Cu_3(THBQ)_2$	$Cu_3(HHTP)_2$	$Cu_3(HHTN)_2$	$Cu_3(HHTT)_2$
配位子				
π共役系	ベンゼン [a]	トリフェニレン	トリナフチレン	テトラアザナフト テトラフェン
試料形態	ペレット	ペレット （単結晶）	ペレット	単結晶
測定法	van der Pauw	二端子 （四探針）	二端子	van der Pauw 四探針
測定温度	室温	室温（室温）	298 K	室温
$\sigma/\mathrm{S\,cm^{-1}}$	7.8×10^{-8}	2×10^{-3}（0.21）	9.55×10^{-10}	～1（面内）
文献	[9]	[32, 33]	[34]	[35]

	$Cu_3(HHTX)_2$	$Cu_3(HHTC)_2$	$Cu_3(HATNA)_2$	
配位子				
π共役系	トルキセン	トリベンゾ サイクリン	ヘキサアザ トリナフチレン	
試料形態	ペレット	ペレット	ペレット	
測定法	二端子	四探針	二端子	
測定温度	30℃	—	—	
$\sigma/\mathrm{S\,cm^{-1}}$	8.38×10^{-4}	1.97×10^{-3}	1.4×10^{-8}	
文献	[36]	[37]	[38]	

a) 配位子はベンゾキノン骨格だが，配位ナノシート形成時にベンゼン骨格を形成する．

たのはなぜだろうか．その理由としては，配位子（C_6O_6）の最高被占軌道（highest occupied molecular orbital：HOMO）がその他のベンゼン骨格配位子（BHT，HAB など）と比べて低く，銅イオンとの軌道相互作用が弱いためと考えられている [9]．HHTT，HHTX，HHTC を用いて得られる配位ナノシートの Cu–Cu 間距離は，HHTP よりも長く HHTN よりも短くなる．π 共役系の骨格構造が異なるものの，$Cu_3(HHTT)_2$ の面内方向の電気伝導率および $Cu_3(HHTX)_2$，$Cu_3(HHTC)_2$ は，それぞれ $Cu_3(HHTT)_2$ の単結晶試料，ペレット化した試料において観測された電気伝導率と同程度の値を示している（単結晶配位ナノシートの電気伝導率については 3.2.2 項（F）で詳しく議論する）．一方，$Cu_3(HHTN)_2$ と同程度の Cu–Cu 間距離をもつ $Cu_3(HATNA)_2$ の電気伝導率は低く，10^{-8} S cm^{-1} のオーダーと報告されている．

（C）酸化状態と電気伝導特性

　配位ナノシートの多くは金属錯体部が酸化還元活性であり，その酸化状態によって電気伝導特性が変化するものが報告されている．例えば，$Ni_3(BHT)_2$ を液液二相界面合成法で作製し，その電気伝導率を，van der Pauw 法を用いて室温にて測定すると 2.8 S cm^{-1} だった [15]．合成された状態における $Ni_3(BHT)_2$ の金属錯体部位 [NiS_4] の酸化数は -0.75 となっており，これはナノシート内部の金属錯体部位のうち 25% が 0 価，75% が -1 価の価数をもつ混合原子価にあることを示している．$Ni_3(BHT)_2$ を酸化剤（ヘキサクロロアンチモン酸トリス（4-ブロモフェニル）アンモニウムイル）の溶液に浸漬し金属錯体部の価数を 0 価にした場合，その電気伝導率は 160 S cm^{-1} と 2 桁向上するのに対し，還元剤（NaTCNQ）の溶液に浸漬し金属錯体部の価数を -1 価にすると，その電気伝導率は

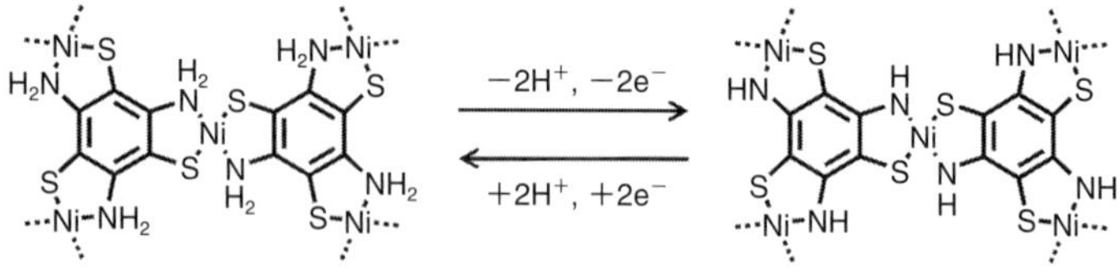

図3.8　酸化還元反応による $Ni_3(TABTT)_2$ と $Ni_3(TIBTT)_2$ の相互変換と，それぞれの配位ナノシートの電気伝導率

減少した．したがって，金属錯体部の価数を変えることにより，配位ナノシートの電気伝導率をチューニングできることが示されている．

　金属錯体部位の酸化状態と配位ナノシートの伝導性の関係について他の例を見てみよう．ニッケルイオンと 1,3,5-トリアミノベンゼン-2,4,6-トリチオール（TABTT）を組み合わせて得られる配位ナノシートは，アルゴンで満たされた不活性雰囲気で合成するとビス（アミノチオラト）ニッケル錯体を主骨格とするナノシート $Ni_3(TABTT)_2$ となるが，酸化剤を加えた環境で合成するとビス（イミノチオラト）ニッケル錯体を主骨格とするナノシート $Ni_3(TIBTT)_2$ となる [39, 40]．2つの錯体は図3.8に示すような酸化還元反応で関係づけられる．$Ni_3(TABTT)_2$ と $Ni_3(TIBTT)_2$ の電気伝導率を測定すると，還元状態にある $Ni_3(TABTT)_2$ は 3.0×10^{-6} S cm^{-1} だが，酸化状態にある $Ni_3(TIBTT)_2$ は 1.0×10^{-1} S cm^{-1} と，5桁も高い電気伝導率を示す．なお，$Ni_3(TABTT)_2$ と $Ni_3(TIBTT)_2$ は合成後に酸化剤および還元剤を用いて化学的酸化還元を行うことでも獲得できる．この他，ヨウ素を用いて配位ナノシートを酸化することで，電気伝導率の向上がみられた例が報告されている．

Pt$_3$(BHT)$_2$ [19], Cu$_3$(TABTO)$_2$ [41], Ni–TAA（図 3.4a）[4] などの電気伝導率は合成時では 10^{-7} S cm^{-1} や 10^{-10} S cm^{-1} 未満と絶縁的だが，ヨウ素による化学的酸化を施すことで，10^{-2}〜10^{-1} S cm^{-1} オーダーの半導体程度の電気伝導率を示すようになる．

(D) ヘテロメタル化と電気伝導特性

　ヘテロメタル化とは，通常 1 種類の金属イオンを用いてつくられる物質に対して複数種類の金属イオンを導入することである．ヘテロメタル化は複数種類の金属イオンによる相乗効果により，単一種類の金属イオンからなる物質よりも優れた特性や新たな機能の発現が期待される．配位ナノシートにおいてヘテロメタル化を行う方法は 2 つあり，1 つはフタロシアニン骨格のようなすでに金属錯体を有する配位子を，それとは別種の金属イオンで接続することで配位ナノシートを構築する方法，もう 1 つは 1 種類の配位子と複数種類の金属イオンを反応させて配位ナノシートをつくる方法である．本節では後者の例を紹介する．

　金属イオンの混合比と電気伝導率に関する系統的な調査の一例として HATP 配位子を用いた $(M1_xM2_{1-x})_3$(HITP)$_2$（M1，M2＝Co，Ni，Cu）が挙げられる（図 3.9a）[29]．まず単一金属イオンからなる M$_3$(HITP)$_2$ の電気伝導率は Ni：55.4 S cm^{-1}，Cu：0.75 S cm^{-1}，Co：0.024 S cm^{-1} の順となった．Ni$_3$(HITP)$_2$ にコバルトイオンまたは銅イオンを導入した $(M_xNi_{1-x})_3$(HITP)$_2$（M＝Co，Cu）の電気伝導率の対数値は導入割合が増えるにつれて（x が大きくなるにつれて）直線的に減少し，M$_3$(HITP)$_2$（M＝Co，Cu）の電気伝導率に近づいていった．また，$(Co_xCu_{1-x})_3$(HITP)$_2$ についても同様に x が大きくなるにつれて電気伝導率の対数値は Cu$_3$(HITP)$_2$ から Co$_3$(HITP)$_2$ に向かって直線的に減少していった．金属イオンの

混合比により $(M1_xM2_{1-x})_3(HITP)_2$ の電気伝導率を連続的に制御できることが示されている（図 3.9b）.

また, BHT 配位子を用いたヘテロメタル配位ナノシート $(Ni_xCu_{1-x})_3BHT$ に関する系統的調査では, $x=0.4$ およびその近傍の Ni と Cu 混合比において, 結晶性と異方性（ここでは結晶性ドメインの向きが揃っていること）の向上, 単一金属イオンからなる M_3BHT（M＝Ni, Cu）とは異なる新たな積層構造の形成が示された（図 3.9c）[42]. 金属イオン混合比と電気伝導率の相関評価においては Ni と Cu の混合比が同程度となるときに電気伝導率が大

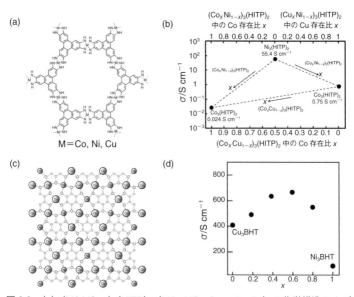

図 3.9 （a）$(M1_xM2_{1-x})_3(HITP)_2$（M1, M2＝Co, Ni, Cu）の化学構造および（b）金属イオンの混合比と電気伝導率の関係. （c）$(Ni_xCu_{1-x})_3BHT$ の化学構造と（d）金属イオンの混合比と電気伝導率の関係.

きくなり，ヘテロメタル化による電気伝導特性の向上が示された（図 3.9d）．

(E) 超伝導を示す配位ナノシート

2015 年に報告された Cu₃BHT は導電性配位ナノシートにおいて群を抜く電気伝導率（300 K にて 1,580 S cm⁻¹）を示した [43]．後に合成条件の最適化による結晶性の向上の恩恵を受け，室温における測定で 2,500 S cm⁻¹ にまで電気伝導率が上昇した [17]．さらに，温度を下げながら測定を続けていくと徐々に電気抵抗率が減少していき，0.25 K に達したところで突然として抵抗率が 0 となり，超伝導物質となることが示された．この超伝導特性のメカニズムについては Cu₃BHT が形成するカゴメ格子における，スピン揺らぎが関与する電子相関に由来すると考えられている [44]．

(F) 単結晶配位ナノシートの電気伝導特性

ここまで見てきた配位ナノシートの電気伝導特性評価はペレット化された粉末試料，もしくはフィルム状試料に対して行われていた．配位ナノシートが結晶性をもつとはいえ，得られた試料は多結晶であり，先述したように結晶領域同士の境目（boundary）やアモルファス領域が含まれている．したがって，電気伝導特性やその他の化学的・物理的特性を評価する際にはこれら配位ナノシートそのもの以外の要素による特性への影響が含まれてしまう．しかし，これらの影響を排除することは困難である．では，配位ナノシート固有の物性をより正確に調べるにはどうすればよいであろうか．1つの答えは単結晶配位ナノシートを合成し，その特性評価を実施することであるが，測定を実施するのに十分な大きさや品質をもつ単結晶の獲得が課題となる．したがって，現在でも単結晶配位ナノ

シートの電気伝導特性評価の例は限られている.

単結晶配位ナノシートの電気伝導特性評価の最初の例は配位ナノシートの研究のまさに黎明期である 2012 年に報告されている [33]. Hmadeh らは 10% の 1-methyl-2-pyrrolidone を含む溶液中で金属イオン（Co, Ni, Cu）と HHTP 配位子を反応させて結晶を獲得した. コバルトイオンを用いた試料については放射光を用いた単結晶 X 線構造解析に成功している. また, 銅イオンと HHTP により構築された単結晶 2 サンプルについて四端子法による電気伝導測定を実施し, それぞれの電気伝導率は 0.18 S cm^{-1}, 0.21 S cm^{-1} であった.

次なる単結晶配位ナノシートの電気伝導特性は Dincă らのグループにより 2019 年に報告された [45]. 彼らは Ni$_3$(HITP)$_2$ の針状結晶（長さ～2 μm, 直径～200 nm）について, 電気伝導率の温度依存性を四端子法により評価したところ, 295 K にて 1.3 mS, 1.4 K にて 0.7 mS と, 温度が下がると電気伝導率が減少する挙動がみられた. より詳細に電気伝導率と温度の関係を調べると, 0.3～1.4 K の極低温領域においては電気伝導率の減少がほぼ一定となっていた. なお, 多結晶の Ni$_3$(HITP)$_2$ も温度が下がると電気伝導率が減少するが, 低温においても大きく減少を続け, ほぼ一定となる領域はみられず, 単結晶試料とは異なる電気伝導特性をもつことが示された.

さて, 配位ナノシートの単結晶は二次元構造の単層フィルムが積層することで形成されている（グラファイトの構造を思い出していただけるとイメージしやすいだろう）. そうすると二次元構造方向（面内方向, in-plane）と積層方向（面外方向, out-of-plane）は全く異なる構造をもっており, 電流を面内または面外方向に流した際に電気伝導特性がどうなるか興味がもたれる. 彼らは Cu$_3$(HHTP)$_2$

のロッド状と粒状の結晶を得ることに成功し，それぞれを用いて面外・面内方向の電気伝導率を評価した．液中での超音波照射により粒状結晶から剥離して得た薄膜による面内方向の測定について 295 K で 1.5 S cm^{-1}，ロッド状結晶による面外方向の測定について 295 K で 0.5 S cm^{-1} の電気伝導率が得られ，Cu$_3$(HHTP)$_2$ は面内方向・面外方向ともに同程度のオーダーの電気伝導率を示した．なお，それぞれの結晶をペレット化した試料の電気伝導率は 0.1 S cm^{-1}，0.09 S cm^{-1} であった．さらに同グループは 2,3,7,8,12,13–hexa-hydroxytetraazanaphthotetraphene (HHTT) 配位子によりその化学構造により面内方向・面外方向の相互作用の強さをコントロールすることで結晶成長を制御し，Mg^{2+}，Co^{2+}，Ni^{2+}，Cu^{2+} との反応で単結晶配位ナノシートを獲得した [35]．形成された結晶の周期構造は金属イオンに依存し，Cu^{2+} は各層が AA 積層した eclipsed 型の Cu$_3$(HHTT)$_2$，Mg^{2+} と Co^{2+} は 2 層 の M$_3$(HHTP)$_2$ 構 造 の 間 に M$_3$(HHTP)(H$_2$O)$_{12}$ 分子が取り込まれ，ABC 積層した staggered 型の M$_6$(HHTT)$_3$ を形成していた（図 3.10）．Ni^{2+} は両方の構造が得られた．Cu$_3$(HHTT)$_2$，Ni$_3$(HHTT)$_2$，Co$_6$(HHTT)$_3$ について，面内

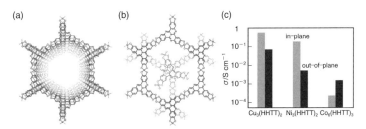

図 3.10　(a) M$_3$(HHTT)$_2$ の eclipsed 型積層構造と (b) M$_6$(HHTT)$_3$ の stag-gered 型積層構造，および (c) Cu$_3$(HHTT)$_2$，Ni$_3$(HHTT)$_2$，Co$_6$(HHTT)$_3$ の in-plane，out-of-plane 方向の電気伝導率.

方向・面外方向の電気伝導率を評価すると，$Cu_3(HHTT)_2$，$Ni_3(HHTT)_2$ では面内方向の方が面外方向より 1〜2 桁大きな電気伝導率を示したが，$Co_6(HHTT)_3$ は面外方向のほうが面内方向よりも 1 桁大きな電気伝導率を示した．また，彼らは新たに開発した二相溶液−固体成長（biphasic solution-solid growth）法による合成で $Ni_3(HHTP)_2$ の六角形平板結晶を獲得し，その平均電気伝導率を 0.8 $S\ cm^{-1}$ と求めた［46］．この値はペレット化した多結晶 $Ni_3(HHTP)_2$ の電気伝導率（$3.6 \times 10^{-3}\ S\ cm^{-1}$）より 2 桁高く，高いキャリア密度が優れた導電性を実現していると考えられる．

（G）トポロジカル絶縁体としての配位ナノシート

トポロジカル絶縁体（topological insulator：TI）とは，物質の内部（バルク）は絶縁体であるのに対して，その物質のエッジ部分にスピン偏極した金属的な伝導チャネルが存在する物質である（図3.11）．端的に表すならば，内部は電気が流れないが端や表面は電気が流れる物質である．TI はスピントロニクス分野や量子コンピュータなどでの応用が期待されており，これまでに HgTe 量子井

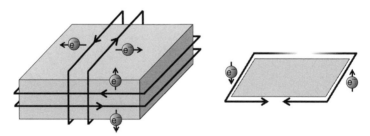

図 3.11 三次元トポロジカル絶縁体（左）と二次元トポロジカル絶縁体（右）の概念図．電子に付随する矢印はスピンを表す．

戸や Bi_2Se_3 などの無機物質が TI として報告されている.

　2013 年に $Ni_3(BHT)_2$ の合成と電気伝導特性が報告されてすぐに, 計算科学的手法により単層の $Ni_3(BHT)_2$ が有機二次元 TI となることが予測された [47]. この理論予測は $Ni_3(BHT)_2$ の新たな展開を期待させるものであったが, 同時に実験的に $Ni_3(BHT)_2$ が TI であることを証明する際の課題を示すものでもあった. 1 つは高品質な単層 $Ni_3(BHT)_2$ が必要となること (多層化すると金属的なバンド構造をもつため TI にならない), もう 1 つが TI 特性の発現に関わるバンドギャップが小さく TI 特性が低温でしか発現しないことである (室温 (300 K) の熱エネルギーは約 26 meV であり, それ以下のバンドギャップの大きさでは電子が熱励起されてしまい TI 特性が消失する). 前者の課題については合成法的なアプローチが進められており, 気液二相界面合成や真空中での蒸着法による単層配位ナノシートの合成が検討されている. また, 後者の課題に関しては, 重元素の導入による解決が試みられている. この TI 特性発現に関わるバンドギャップの形成は, スピン軌道相互作用 (spin orbit coupling：SOC) に由来している. SOC は通常, 重い元素において大きくなるため, 重元素を用いて配位ナノシートを合成することにより SOC を強め, このバンドギャップを拡大できると期待される. Ni より重い Pt を使った $Pt_3(BHT)_2$ の合成例が報告されており, 単層 $Pt_3(BHT)_2$ においては 54 meV のバンドギャップが理論予測され, 室温でも TI 特性を示しうると期待される [19]. また, 多層 $Ni_3(BHT)_2$ が金属的であるのに対し, $Pt_3(BHT)_2$ は積層構造の影響により層間の相互作用が小さく, 多層化してもバンドギャップが消失せずに TI 特性が維持されると考えられる.

　完全平面系配位ナノシートの導電性は, 従来の絶縁的な金属錯体ポリマーでは応用が困難であった分野, 導電性の低さが性能向上の

課題となっていた分野において，金属錯体ポリマーの新しい活躍の場を生み出す可能性が期待されている．次節からは完全平面系配位ナノシートの応用例として，電極触媒，エネルギー貯蔵材料，センサーについて具体的な報告例を挙げながら見ていこう．

3.3 電極触媒

触媒とは，化学反応の活性化エネルギーを下げることでその反応を進行しやすくする物質のことであり，反応溶液に反応物と一緒に溶解して使用される均一系触媒と，溶解せずに固体のまま使用される不均一系触媒に大別される．電極触媒は後者に分類され，電極表面に担持された活性物質，または時として電極そのものが触媒として作用する．電極触媒の役割は，通常であれば大きな印加電位（大きな電気エネルギー）を与えなければ進まない酸化還元反応を，小さな印加電位で進行できるようにすることである．ある物質が電極触媒性能をもつかどうかを調べるためによく用いられる電気化学的手法はリニアスイープボルタンメトリー（linear sweep voltammetry：LSV）である．測定時には通常の電気化学測定を行うときのような静止溶液中で行っても触媒能の有無を判断する程度は行えるが，触媒特性をより詳細に調査する際には溶液中の物質の対流・拡散を制御可能な対流ボルタンメトリー法を用いる．中でも，作用電極を一定の回転数で回転させながら電位掃引を行う回転ディスク電極法がよく用いられている．測定に用いる作用電極としては回転ディスク電極と，中央のディスク電極の外側にリング電極が付いた回転リングディスク電極がある（図3.12a）．後者は後述する酸素還元反応（ORR）触媒能評価にて，副生成物である H_2O_2 の生成量を評価する際に用いられる．こうして得られたボルタモグラムをも

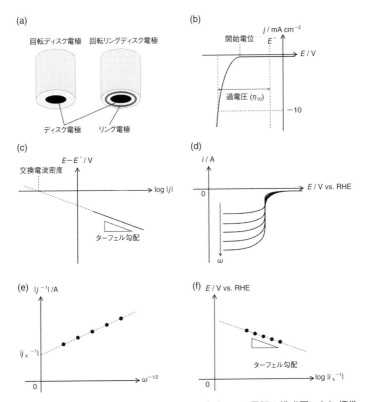

図 3.12 (a) 回転ディスク電極, 回転リングディスク電極の模式図. (b) 標準電極電位 E° で進行する還元反応に関する電極触媒のリニアスイープボルタモグラムと (c) ターフェルプロットの概念図. (d) 酸素発生反応における回転ディスク電極を用いて測定したリニアスイープボルタモグラムの回転速度 ω 依存性と, (e) Koutecký-Levich プロットおよび (f) ターフェルプロットの概念図.

とに，以下に挙げるようなパラメータを得ることで，触媒性能を評価する．

開始電位（onset potential）

電極上にて反応が始まり，その反応に由来する電流が流れ始める電位（図3.12b）．熱力学的に反応が進行するとされる標準電極電位（E^{o}）と，開始電位との差が小さいほど触媒として望ましい．

過電圧（overpotential）

標準電極電位と，実際に反応が進行する，または反応を進行させるときの電位の差．還元反応の場合は，実際に反応が進む電位は標準電極電位よりも卑電位[8]となるが，通常，過電圧は絶対値を用いて正の値で表記される．後述する水素発生反応においては-10 mA cm^{-2}の電流密度（j）を与えるときの電位と標準電極電位の差の絶対値（η_{10}）が過電圧として報告されることが多い（図3.12b）．

ターフェル勾配（Tafel slope）

得られたリニアスイープボルタモグラムについて，横軸に電流密度の絶対値の常用対数，縦軸に電位をプロット（ターフェルプロット）すると，直線的な変化を示している領域が現れる．この直線の傾きをターフェル勾配とよぶ（図3.12c）．この傾きが0に近づくほど反応の活性化エネルギーを大きく下げており，触媒の効率が高いことを示唆する［48］．また，傾きの値から触媒反応サイクルにおける律速段階となっている過程を考察することができる場合もある．例えば水素発生反応はVolmer過程，Heyrovsky過程，Tafel過

---

8 電気化学の分野では酸化方向の電位を貴電位，還元方向の電位を卑電位とよぶ．

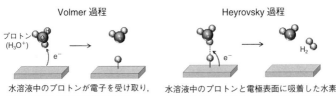

Volmer 過程

プロトン
(H_3O^+)

水溶液中のプロトンが電子を受け取り，
電極（触媒）表面に吸着する過程

Heyrovsky 過程

H_2

水溶液中のプロトンと電極表面に吸着した水素
原子が会合して水素分子として脱離する過程

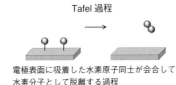

Tafel 過程

電極表面に吸着した水素原子同士が会合して
水素分子として脱離する過程

図 3.13　水素発生反応の素過程の反応機構

程といった3種類の素過程が考えられており，それぞれの段階が律速段階であるときのターフェル勾配は 120, 40, 30 mV dec^{-1} となる（図 3.13）[49].

交換電流密度（exchange current density）

ターフェルプロットにおいて直線的な変化を示している領域を外挿し，過電圧が 0 V となるときの電流密度の値を交換電流密度という（図 3.12c）．交換電流密度の大きさは反応物と生成物の平衡反応の速さを示しており，大きいほど反応物－生成物間の相互変換が起こりやすく活性の高い触媒であることを示唆する．

限界電流（密度）（limiting current（density））

電極触媒においては通常，過電圧を大きくするにつれて反応に由来する電流が大きくなるが，ある時点で電極触媒表面に供給される

反応物の供給速度がボトルネックとなり，過電圧を大きくしても観測される電流値が一定となる領域が観測される（図3.12d）．このときの電流を限界電流とよぶ（単位面積あたりに換算した場合は限界電流密度とよぶ）．本節で扱う反応では酸素還元反応（ORR）の特性評価にてこの挙動がみられる．論文中では拡散限界電流（diffusion-limiting current）や物質輸送限界電流（mass-transport-limiting current）などと表記されている．電極上での反応速度が，反応物の拡散速度に比べて十分に速いとき，回転速度 $\omega=2\pi f/60$（radian s^{-1}）（f は回転数（rpm））の回転ディスク電極で測定したボルタモグラムの拡散限界電流 i_L は以下の式（Levich 式）で表される．

$$i_L = 0.62nFAD^{2/3}\omega^{1/2}v^{-1/6}C$$

ここで，n：反応に関わる電子数，F：ファラデー定数（96,485 C mol^{-1}），A：電極表面積（cm^2），D：反応物の拡散定数，v：溶液の動粘度，C：反応物の濃度（mol cm^{-3}）である．この式を見ると縦軸に i_L，横軸に $\omega^{1/2}$ をプロット（Levich プロット）すると，比例関係にある直線のグラフが描けることがわかる．ただし，観測された電流が拡散以外に速度論的支配も受けている場合は，この比例関係が成り立たなくなる（詳細な解説は専門の成書に委ねる）．この場合，観測される電流 i は以下に示す Koutecký-Levich 式で示される．

$$i^{-1} = i_k^{-1} + (0.62nFAD^{2/3}\omega^{1/2}v^{-1/6}C)^{-1}$$

ここで i_k は速度論的支配による電流である．この式から，縦軸に i^{-1}，横軸に $\omega^{-1/2}$ をプロット（Koutecký-Levich プロット）すると切片が i_k^{-1} の一次関数のグラフが描ける（図3.12e）．直線の傾きに各定数を代入することで反応に関わった電子数 n を算出できる．

さらに，得られた i_k の絶対値の常用対数を横軸，その i_k を与える作用電極電位を縦軸にプロットすることでターフェルプロットが得られ，ターフェル勾配を算出できる（図3.12f）.

ファラデー効率（Faraday efficiency）

　消費した全電子数と目的の反応に使用された電子数の割合．すべての電子が目的の反応に使用された場合はファラデー効率が100％（または1）となる．目的とする反応のファラデー効率が高い方が優れた触媒となる．

触媒回転頻度（turnover frequency：TOF）

　単位時間中に1つの触媒活性点が反応物から変換可能な生成物の分子数の最大値．値が大きいほど単位時間あたりに多くの生成物を得られるため，触媒として優れている．

　完全平面系配位ナノシートを電極触媒として用いるメリットとして以下のことが挙げられる．
- ナノシート自体が電気伝導性であるため，ナノシートを介した電極から反応物への電子輸送を妨げづらい（理想的にはナノシートそのものが触媒活性のある電極になりうる）.
- 二次元物質は表面積が大きく，また，空孔構造が物質の輸送経路となりうるため，反応物や生成物の出入が容易
- 適切な金属イオンと配位子の組合せにより，触媒の性能を高めたり，反応を選択的に進行させたりすることが可能

したがって，配位ナノシートを用いた電極触媒の開発は精力的に行われている研究分野の1つである．ここでは，近年地球規模での問題解決への取り組みの重要性が叫ばれているエネルギー問題に関わ

る化学反応，水素発生反応（HER），酸素発生反応（OER），酸素
還元反応（ORR），二酸化炭素還元反応（CO₂RR）を触媒する配位
ナノシートの例を見ていこう．

3.3.1 水素発生反応（HER）

　水素と酸素の化学反応によって電気エネルギーを獲得できる燃料
電池は，反応後に排出される化学物質が水のみであるクリーンなエ
ネルギー供給システムとして注目されている．これら水素と酸素を
獲得する方法の1つが，中学校の理科の実験でもおなじみの水の電
気分解である．すなわちカソードで水素発生反応（hydrogen evolu-
tion reaction：HER）を，アノードで酸素発生反応（3.3.2 項にて解
説）を行うことで水素と酸素を獲得する．HER の半反応式は下記
のように表される．

$$2H^+ + 2e^- \rightarrow H_2 \quad E^\circ = 0.0 \text{ V vs. SHE} \quad （SHE：標準水素電極）$$

HER の優れた触媒としては白金（Pt）が知られているが，高価で
希少な金属であるため，安価で性能の良い代替触媒の開発が進めら
れている．

　ここからは完全平面系配位ナノシートの HER 電極触媒応用の例
を見ていこう．ビス（ジチオラト）金属錯体は HER 触媒特性を示
すことが知られており［50］，この錯体構造を有する，およびその
類縁錯体構造を有する配位ナノシートは HER 触媒特性を示すこと
が期待される．

　完全平面系配位ナノシートを HER 触媒に応用した最初の例は
Marinescu らによって報告された $Co_3(BHT)_2$ と $Co_3(THT)_2$ である
［51］．pH 1.3 の硫酸溶液中で行われた電気化学測定より，これら
の試料の開始電位とターフェル勾配は，金属錯体の担持量が $0.7\times$

10^{-6} mol$_{Co}$ cm^{-2} の Co$_3$(BHT)$_2$ について -0.28 V vs. SHE と 149 mV dec^{-1}, 担持量が 1.1×10^{-6} mol$_{Co}$ cm^{-2} の Co$_3$(THT)$_2$ について -0.48 V vs. SHE と 189 mV dec^{-1} となった. 10 mA cm^{-2} の電流密度を得るのに必要な過電圧 (η_{10}) は Co$_3$(BHT)$_2$ では 0.34 V, Co$_3$(THT)$_2$ では 0.53 V であった. pH 4.2 の硫酸溶液における測定から求められた交換電流密度はいずれのナノシートも $10^{-5.3(1)}$ A cm^{-2} となった. 以上より, Co$_3$(BHT)$_2$ の方がより優れた HER 触媒特性を示すことがわかる. また, 電極上にドロップキャストされた単核錯体 [Co(bdt)$_2$]$^-$ (bdt=1,2-benzenedithiolate) と比べ, Co$_3$(BHT)$_2$ と Co$_3$(THT)$_2$ は触媒活性と安定性の両面で優れていた.

　ほぼ同時期に中心金属にニッケルを用いた Ni$_3$(THT)$_2$ の HER 触媒能が報告されている [52]. 先の Co$_3$(THT)$_2$ は粉末状で得られた試料を用いているのに対し, この Ni$_3$(THT)$_2$ は LB トラフを用いた気液界面合成法によって得られた厚さ 0.7〜0.9 nm の単層膜である. 0.5 M 硫酸溶液中において, Ni$_3$(THT)$_2$ は η_{10} が 0.333 V, ターフェル勾配が 80.5 mV dec^{-1}, 交換電流密度が 6×10^{-4} mA cm^{-2} であり, Co$_3$(THT)$_2$ に比べより高い触媒能を示している.

　配位ナノシートの HER 触媒活性の金属イオン依存性を系統的に評価した例を紹介する. Pal らは M$_3$(BHT)$_2$ (M=Ni, Pd, Pt) の触媒特性を pH=1.3 硫酸溶液中で評価し, その開始電位がそれぞれ -0.18 V (Ni$_3$(BHT)$_2$), -0.08 V (Pd$_3$(BHT)$_2$), -0.03 V vs. RHE[9] (Pt$_3$(BHT)$_2$) であったことから, 中心金属が Pt > Pd > Ni の順に HER 触媒活性に優れていると報告した [19]. また, Wu らは電解重合法でグラッシーカーボン電極 (GCE) 上に合成した M$_3$(HIB)$_2$ (M=Ni, Co, Cu) について, 0.5 M 硫酸溶液中での評価

9　RHE：可逆水素電極 (reversible hydrogen electrode)

から $Ni_3(HIB)_2$ が，開始電位 -0.094 V vs. RHE，$\eta_{10}=0.227$ V，ター
フェル勾配 131 mV dec^{-1}，交換電流密度 0.185 mA cm^{-2} で最も高
性能な触媒であることを示した [53]．この性能は粉末状 $Ni_3(HIB)_2$
（開始電位 -0.502 V vs. RHE，$\eta_{10}=0.666$ V，ターフェル勾配 163
mV dec^{-1}，交換電流密度 0.008 mA cm^{-2}）や先述の $Ni_3(THT)_2$ 薄
膜と比べても優れている．

　配位ナノシートの形体と HER 触媒活性の関連性も報告されてい
る．Huang らは Cu_3BHT を合成する際に，水/CH_2Cl_2 液液二相界面
合成法，エタノール中での溶液合成法，ナトリウムメトキシド（塩
基）共存下におけるエタノール中での溶液合成法の三手法を利用
し，それぞれ薄膜（TF–Cu_3BHT），六角柱状微結晶（NC–Cu_3B–
HT），微粒子状粉末（NP–Cu_3BHT）の三形状の Cu_3BHT を獲得し
た [54]．pH 10.0 の緩衝溶液中でのサイクリックボルタンメトリー
測定では，TF–Cu_3BHT では有意な酸化還元挙動が確認されず，NC–
Cu_3BHT，NP–Cu_3BHT では [CuS_4] 錯体部位に由来する二段階の
酸化還元挙動が確認された．pH 0.0 における NC–Cu_3BHT と NP–
Cu_3BHT の HER 触媒特性評価では，NC–Cu_3BHT は開始電位 -0.57
V vs. SCE，$\eta_{10}=0.76$ V，ターフェル勾配 120 mV dec^{-1}，交換電流
密度 10^{-5} mA cm^{-2}，NP–Cu_3BHT は開始電位 -0.20 V vs. SCE，η_{10}
$=0.45$ V，ターフェル勾配 95 mV dec^{-1}，交換電流密度 10^{-3} mA
cm^{-2} であり，NP–Cu_3BHT の方が優れた触媒活性を示した．NP–
Cu_3BHT は NC–Cu_3BHT に比べると結晶性は低いが，小さなドメイ
ンが集合しているために触媒活性点となる多くの Cu 端が露出して
おり，触媒活性が向上したと考えられる．

　ここからは配位ナノシートの設計自由度の高さをより活用した
HER 触媒特性向上戦略を見ていこう．Huang らは 2 つの異なる環
境の配位部位をもつ配位子 hexaiminohexaazatrinaphthalene（HA-

HATN）を導入したナノシート（M2$_3$(M1$_3$·HAHATN)$_2$）を合成した
（図 3.14a）[55]．HAHATN は 2 つのピラジン構造に挟まれた金属
配位部位（M1）とナノシート構造形成のための配位部位（M2）の
2 カ所に金属イオンが導入できる．M1 に導入された金属イオンは
配位サイトに空きがあるため，反応物と相互作用が容易であり，高
い HER 触媒能の発現が期待される．また，形成される配位ナノ
シートの空孔も約 2.7 nm と大きく，プロトンや水素の良好な輸送
が可能であると考えられる．実際に 0.1 M KOH 溶液中で測定され
た Ni$_3$(Ni$_3$·HAHATN)$_2$ の HER 触媒能は開始電位 0.012 V，η_{10}＝0.115
mV，ターフェル勾配が 45.6 mV dec^{-1} となり，Ni$_3$(HITP)$_2$ の性能
（開始電位 0.051 V，η_{10}＝0.176 V，ターフェル勾配が 94.2 mV
dec^{-1}）より優れていた．もう 1 つの戦略は複数種類の金属イオン
や配位子を導入したヘテロメタルおよびヘテロリガンド配位ナノ
シートを用いることである．Dong らは THT と HATP の 2 種類の
配位子を併せもつヘテロリガンド配位ナノシート Co-THAT を合成
し，HER 触媒特性を評価した（図 3.14b）[56]．Co-THAT は構造
体内に 3 種類の錯体構造（[CoS$_4$]，[CoN$_4$]，[CoS$_2$N$_2$]）が存在し
ており，1 種類の配位子からなる Co$_3$(THT)$_2$，Co$_3$(HITP)$_2$ に比べ
て高い触媒能を示した．Geng らは炭素繊維上にヘテロメタル配位

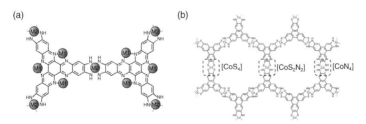

図 3.14 （a）M2$_3$(M1$_3$·HAHATN)$_2$ および（b）Co-THAT の化学構造

ナノシート $(Cu_{1-x}Co_x)_3(HHTP)_2$ $(0 \leq x \leq 1)$ を直接合成し，その HER 触媒特性を評価した [57]．1.0 M KOH 溶液中における測定より $(Cu_{0.5}Co_{0.5})_3(HHTP)_2$ は $Cu_3(HHTP)_2$ に比べ，小さな η_{10} とターフェル勾配を示した．また，交換電流密度の金属イオン存在量比依存性を調べると，$x=0.5$ で最大の交換電流密度 1.52 mA cm^{-2} を示し，この値は $Cu_3(HHTP)_2$ (1.11 mA cm^{-2}) よりも大きく，ヘテロメタル化による触媒特性の向上がみられた．さらに，1000 サイクルのサイクリックボルタンメトリー掃引後も顕著な性能低下は観測されず，10 時間の連続稼働でも安定して 10 mA cm^{-2} の電流密度を保ち続けられたことから，高い安定性が示唆された．

3.3.2 酸素発生反応（OER）

酸素発生反応（oxygen evolution reaction：OER）は水の電気分解において HER と対をなす化学反応である．その化学半反応式は以下のように表される．

$$2H_2O \rightarrow O_2 + 4H^+ + 4e^- \quad E° = +1.229\ \text{V vs. SHE}$$

4 つの電子移動が関与する多電子移動反応であり，その反応機構は化学反応式の見た目に反して複雑である．また，標準電極電位も高く，反応の進行には大きなエネルギー（電力）が必要となる．余談だが，自然界における光合成反応では，酸素発生錯体とよばれる，4 つのマンガンイオンと 1 つのカルシウムイオンからなる複雑な構造をした多核錯体により効率的な反応進行が実現されており [58]，自然の偉大さを感じさせられる．OER 触媒としては IrO_2 や RuO_2 が優れた触媒として挙げられるが，いずれも高価な金属を含む物質である [59]．したがって，新たに開発される OER 触媒においても（1）過電圧が小さい，（2）安価に獲得できる（高価な貴金属類

を含まない），（3）動作環境での耐久性が高い，といった要件を満たすことが望まれている．それでは配位ナノシートを用いた OER 触媒開発の取り組みを見ていこう．

Jia らは 2,3,9,10,16,17,23,24–octaaminophthalocyaninato nickel（II）（NiPc（NH$_2$）$_8$）配位子をニッケルイオンで接続した配位ナノシート Ni$_2$[NiPc（NH）$_8$] を合成した（図 3.15）[60]．1.0 M KOH 溶液中での測定において，Ni$_2$[NiPc（NH）$_8$] は開始電位約 1.48 V vs. RHE，過電圧 350 mV にて優れた質量活性（883.3 A g^{-1}）を示した．この値は RuO$_2$ のおよそ 30 倍の活性であると筆者らは述べている．Ni$_2$[NiPc（NH）$_8$] のターフェル勾配は 74 mV dec^{-1}，TOF は 2.5 s^{-1} と見積もられ，既報の金属–有機物複合材料と比較して優れた活性を示した．さらにファラデー効率は 94% と，効率的に OER が進行した．また，電流密度 1.0 mA cm^{-2} を 50 時間維持した耐久試験において，電位は約 1.5 V vs. RHE で安定しており，Ni$_2$[NiPc

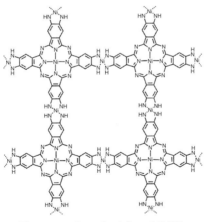

図 3.15　Ni$_2$[NiPc（NH）$_8$] の化学構造

（NH）$_8$〕の安定性が示された.

　Zhang らは Co$_3$(HHTP)$_2$ の積層数と OER 触媒活性の相関について報告している [61]. LB トラフ上で気液界面合成した単層 Co$_3$(HHTP)$_2$ を必要回数フッ素ドープ酸化スズ（FTO）電極上に転写することで層数を制御した n-layer Co$_3$(HHTP)$_2$（$n=1-5$）を作製し，それぞれの OER 触媒特性を 0.1 M KOH 水溶液中で評価すると，層数が増加するとともに触媒活性が向上し，4 層で開始電位（1.57 V vs. RHE），電流密度が 10 mA cm^{-2} に達する電位（$E_{j=10}=$ 1.72 V vs. RHE）およびターフェル勾配（83 mV dec^{-1}）がいずれも全サンプル中で最小となった. したがって，4-layer Co$_3$(HHTP)$_2$ が最良の OER 触媒性能を示した. さらに 1.70 V vs. RHE において 4-layer Co$_3$(HHTP)$_2$ は重量あたりの電流値が 64.63 A mg^{-1} と，RuO$_2$（0.258 A mg^{-1}）の 200 倍以上の活性を示した. 耐久性も高く，30,000 秒の連続動作後も初期電流密度の 96.7% を維持していた. また，Liu らの Ni$_3$(HITP)$_2$ の積層数（1〜4 層）と OER 触媒活性相関の研究によると，3-layer Ni$_3$(HITP)$_2$ が最も高い触媒能（$E_{j=10}=1.62$ V vs. RHE，ターフェル勾配 61 mV dec^{-1}）を示したと報告されている [62]. この $E_{j=10}$ の値は市販の IrO$_2$ 触媒よりも 20 mV 低い. 1000 サイクルのボルタンメトリー測定後においても，初期活性の 96.2% の活性を維持しており，高い耐久性が示された.

　また，OER 触媒においてもヘテロメタル化による性能向上が報告されている. 例えば鉄イオンとニッケルイオンの混合溶液から合成された Fe1Ni4-HHTP の 1 M KOH 水溶液中における η_{10} とターフェル勾配はそれぞれ，213 mV と 96 mV dec^{-1} であり，これらは Ni-HHTP 単体（$\eta_{10}=380$ mV，ターフェル勾配：106 mV dec^{-1}）と比較して優れた触媒能を示している [63]. Fe1Ni4-HHTP 中の鉄イオンが OER の触媒活性点として機能するとともに，電極-電解質

溶液間の電荷移動抵抗が小さくなったことで触媒性能が向上したと考えられる.

　同様にニッケルイオンと鉄イオンを用いたヘテロメタル配位ナノシートとして $(Ni_{1-x}Fe_x)_2[NiPcO_8]$ も報告されている [64]. 様々な鉄イオン導入量で合成された配位ナノシートについて, $(Ni_{0.91}Fe_{0.09})_2[NiPcO_8]$ が単一金属イオンからなる $Ni_2[NiPcO_8]$ と $Fe_2[NiPcO_8]$, また他の混合比からなる $(Ni_{1-x}Fe_x)_2[NiPcO_8]$ より, 小さな過電圧 ($\eta_{10}=0.384$ V) とターフェル勾配 (55 mV/dec), および最大の TOF (1.943 s^{-1}) を示し, 最も OER 活性が高かった. 計算化学的手法による考察においても適切な割合で鉄イオンを導入することで, [NiO_4] 錯体と [FeO_4] 錯体間で相互作用が生じ, 活性が向上することが示唆された. その他の例として, マンガンイオンと鉄イオンからなる $(Mn/Fe)_3(HIB)_2$ も報告されている. $(Mn/Fe)_3(HIB)_2$ は単一金属イオンからなる $Mn_3(HIB)_2$ や $Fe_3(HIB)_2$ よりも優れた OER 触媒活性を示すのみならず, RuO_2 と比べて開始電位, η_{10}, ターフェル勾配がいずれも小さく, RuO_2 以上の OER 触媒活性を示した [21].

3.3.3　酸素還元反応（ORR）

　酸素還元反応（oxygen reduction reaction：ORR）は燃料電池や空気電池において酸素から電子を取り出す際に使われる. 酸素は空気中に大量に存在しており, エネルギー源として非常に望ましいが, 下記に示すように 4 個の電子が関与して水を生成する多電子反応であり, 反応速度が遅い [65].

$O_2 + 4H^+ + 4e^- \rightarrow 2H_2O \quad E° = +1.299$ vs. NHE（酸性条件）

$O_2 + 2H_2O + 4e^- \rightarrow 4OH^- \quad E° = +0.401$ V vs. NHE（塩基性条件）

NHE：Normal Hydrogen Electrode（標準水素電極）

効率的な触媒としては白金が知られているが，貴金属であるためより安価に得られる代替触媒の開発が進められている．効率的な ORR 進行のさらなる課題となるのが，H_2O_2 を生成する副反応の存在である［65］．

$$O_2 + 2H^+ + 2e^- \rightarrow H_2O_2 \quad E^\circ = +0.695 \text{ vs. NHE} \quad （酸性条件）$$
$$O_2 + H_2O + 2e^- \rightarrow HO_2^- + OH^- \quad E^\circ = -0.065 \text{ vs. NHE}$$
$$（塩基性条件）$$

この反応で生成される過酸化水素は電極などの劣化を引き起こす上，反応に関わる電子数が2電子となるため効率も下がってしまう．したがって，水を生成する4電子過程の反応を選択的に進め，安価な金属で耐久性に優れた触媒の開発が求められている．それでは配位ナノシートを用いた ORR 触媒の例を見ていこう．

完全平面系配位ナノシートを ORR 電極触媒に用いた最初の例はMiner らの $Ni_3(HITP)_2$ についての報告である［66］．グラッシーカーボンディスク電極上に担持された $Ni_3(HITP)_2$ は酸素飽和 0.1 MKOH 水溶液中，回転速度 2,000 rpm にて開始電位 0.82 V vs. RHEで ORR 触媒活性を示した．白金電極の開始電位 1.00 V と比較すると過電圧は 0.18 V であり，この値は非白金族の金属を用いた ORR電極触媒としては高活性である．また 0.77 V vs. RHE の電位を8時間印加し続けた後も，初期電流密度の 88% の電流密度を維持しており，耐久性も優れていた．ターフェル勾配は -128 mV dec^{-1} であり，著者らは $Ni_3(HITP)_2$ の ORR 触媒サイクルにおいて超酸化物アニオン（O_2^-）の形成過程が律速段階になっていると考察している．ORR 反応に使用された電子数は 2.25 と見積もられ，大部分（87.5%）の電子が HO_2^- を生成する2電子過程に使用されており，

残り（12.5％）の電子が OH^- を生成する4電子過程に使用された
ことを示唆している．ORR を行う際の過電圧を大きくする（より
低電位を印加する）ことで，HO_2^- 生成のファラデー効率を63％ま
で減少させられることが併せて報告されている．

　この報告の後，Miner らは $Ni_3(HITP)_2$ の ORR 反応において活性
点となっているのはトリフェニレン配位子のイミノ基から見て β
位の炭素原子（図3.16）であることを実験的・計算科学的に明ら
かにし [67]，さらに $M_3(HITP)_2$ と $M_3(HHTP)_2$（M＝Co，Ni，Cu）
の ORR 活性を系統的に評価した [28]．それぞれの試料の粉末 X
線回折測定より，$Ni_3(HITP)_2$，$Cu_3(HITP)_2$，$Cu_3(HHTP)_2$ は六方晶

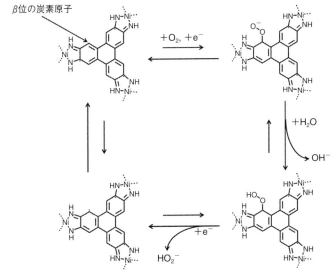

図 3.16　$Ni_3(HITP)_2$ の ORR 反応の触媒サイクル

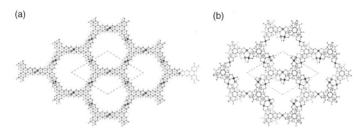

図 3.17 (a) 六方晶および (b) 三方晶の結晶構造の概念図

(hexagonal), $Ni_3(HHTP)_2$, $Co_3(HHTP)_2$ は三方晶 (trigonal) に分類される結晶構造を有し, 積層構造が異なることが示された (図3.17). pH 13 および pH 8 の電解質溶液中で行われた ORR 触媒特性評価において, 六方晶のナノシート群が三方晶のものよりも活性が高い傾向がみられた. 最も優れた特性を示したのは $Cu_3(HITP)_2$ であったが, 測定環境においては酸素に不安定なため直ちに失活した. 次に ORR 触媒活性が高かったのは $Ni_3(HITP)_2$, $Cu_3(HHTP)_2$ である. これらの高い ORR 触媒活性を示した六方晶の配位ナノシート群は層間に π スタックによる相互作用がはたらいており, これが高い電気伝導性と酸化還元特性を生み出すことで高い ORR 触媒特性が発現していると考えられている.

それでは ORR 触媒活性を示す配位ナノシートを作製するにはトリフェニレン骨格が必須かというと, そうでもない. ベンゼン骨格の配位子からなる配位ナノシートにおいても ORR 触媒活性は報告されている. 例えば $Ni_3(HIB)_2$ について, 結晶性と ORR 触媒特性の相関が報告されている [68]. 結晶性の高い $Ni_3(HIB)_2$ は開始電位 0.8 V vs. RHE を示し, 物質輸送限界電流には 0.7 V vs. RHE で到達したのに対し, 結晶性の低い $Ni_3(HIB)_2$ は開始電位と物質輸送限界電流に到達するのにより多くの過電圧が必要だった. すなわち,

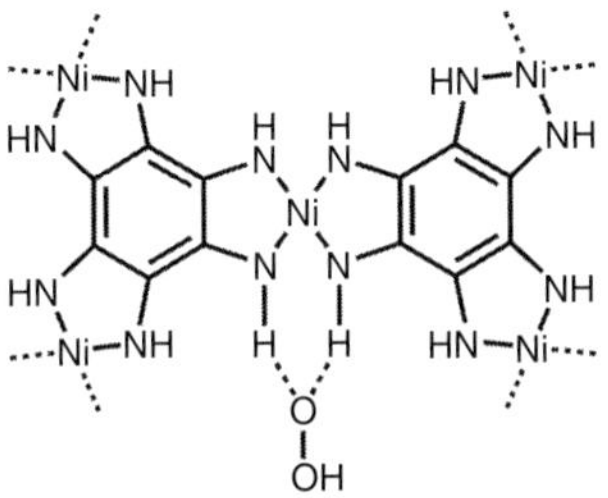

図 3.18 Ni₃(HIB)₂ における ORR 反応触媒過程の中間体構造

結晶性が高い Ni₃(HIB)₂ の方が優れた ORR 触媒特性を示した．では Ni₃(HIB)₂ の場合は，どこが触媒の活性点になっているのであろうか．計算科学的には，ビス（ジイミノ）ニッケル錯体の2つの N–H の間であると考えられ，反応中間体の*OOH が水素結合による架橋構造を形成して反応が進行する経路が提唱されている（図 3.18）．

また，OER の項（3.3.2 項）で紹介した (Mn/Fe)₃(HIB)₂，およびその単一金属配位ナノシート（Mn₃(HIB)₂ と Fe₃(HIB)₂）も ORR 触媒活性を示す [21]．ヘテロ金属配位ナノシートである (Mn/Fe)₃(HIB)₂ が開始電位 0.98 V vs. RHE，拡散限界電流密度 $j_L = -6.37$ mA cm^{-2} で最も高い特性を示し，白金を用いた Pt/C 触媒（開始電位 0.96 V vs. RHE，$j_L = -5.98$ mA cm^{-2}）よりも優れていた．ORR に使用された電子数はおおよそ4であり，高い選択性で4電子過程の反応が進行したと考えられる．また，耐久性にも優れ，100 時間触媒として動作させた後も初期電流値の 97.6% の電流値を維持していた．計算科学による反応経路考察では，(Mn/Fe)₃(HIB)₂ においては Fe に配位する窒素から見て α 位の炭素原子が，M₃(HIB)₂（M＝Mn，Fe）では金属中心が，それぞれ反応活性点としてはたらくと考えられる（図 3.19）．この反応活性点の違い

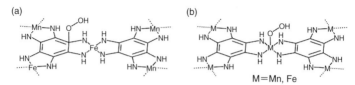

図 3.19 (a) (Mn/Fe)₃(HIB)₂ および (b) M₃(HIB)₂ (M＝Mn, Fe) における ORR 反応触媒過程の中間体構造

が (Mn/Fe)₃(HIB)₂ の高い触媒能の発現に繋がっている.

　ヘテロメタル化による触媒性能向上の例は Yoon らによっても報告されている [69]. (Co₀.₂₇Ni₀.₇₃)₃(HHTP)₂ の ORR 触媒性能 (開始電位 0.46 V vs. RHE, j_L＝-5.68 mA cm^{-2}) は，単一金属からなる Ni₃(HHTP)₂ のより小さな過電圧における開始電位 (0.47 V vs. RHE) と，Co₃(HHTP)₂ の大きな拡散限界電流密度 (j_L＝-5.59 mA cm^{-2}) の両特性を併せもっている. (Co₀.₂₇Ni₀.₇₃)₃(HHTP)₂ は Ni₃(HHTP)₂ の比較的高い電気伝導性と Co₃(HHTP)₂ における触媒活性部位 ([CoO₄] 錯体部分) の両方を備えることで性能が向上したと考えられる. さらに (Co₀.₂₇Ni₀.₇₃)₃(HHTP)₂ は M₃(HHTP)₂ (M＝Co, Ni) に比べてターフェル勾配もより 0 に近く，反応に関わる電子数も 3.95 と 4 電子経路の ORR を高い選択性で進行させていることも示された. Lian らは様々な Co, Ni 存在量比で合成した (CoₓNi₁₋ₓ)₃(HITP)₂ ($0 \leq x \leq 1$) を用いて，中心金属イオンが ORR 触媒特性に与える効果を議論している [70]. Co の存在量比の増加につれて，開始電位が ORR の標準電極電位に近づくとともにターフェル勾配は減少し，Co₃(HITP)₂ が最も優れた触媒能を示した. また，反応に関わる電子数も Ni₃(HITP)₂ では 2.46 と 2 電子過程が主流であったが，Co の導入とともに増加し Co₃(HITP)₂ では 3.96 と 4 電子過程が主流となった. [MN₄] 錯体部位に着目すると，

[NiN$_4$] 錯体は閉殻状態であるのに対して，[CoN$_4$] 錯体は d$_{z^2}$ 軌道に不対電子が存在している．そのため，Co$_3$(HITP)$_2$ では反応中間体である *OOH がより強く金属中心の Co に結合することができるため，ORR 反応が促進されると考えられる．同様に金属イオンを ORR の反応活性点と考察している例として，Zhong らの銅フタロシアニン骨格を組み込んだ Co$_2$[CuPcO$_8$] が挙げられる [71]．Co$_2$[CuPcO$_8$] は半波電位 0.83 V vs. RHE，$j_L = -5.3$ mA cm^{-2}，反応に関わる電子数は 3.93 と，高い活性と高い 4 電子経路選択性をもつ優れた ORR 触媒特性を示す．計算科学に基づいた考察によると [CoO$_4$] 錯体の方がフタロシアニン骨格部位の [CuN$_4$] 錯体よりも反応中間体*OOH に対する吸着エネルギーが大きく，[CoO$_4$] 錯体が反応活性点として機能していると考えられる．また，その場 (in situ) ラマン分光法による観測により，[CoO$_4$] 錯体を中心に ORR 触媒サイクルが進行していることが観測されている．

ここまで紹介してきた ORR 触媒は 4 電子過程により水の生成を効率的に進めることを目的としていた．しかし，2 電子過程にて生成される過酸化水素も，特に工業的利用において重要な物質である．2 電子過程を高効率で進行させる ORR 触媒として Mg$_3$(HITP)$_2$ が報告されている [72]．Mg$_3$(HITP)$_2$ は電気伝導率 1.1×10^{-3} S cm^{-1} を示し，0.1 M リン酸緩衝液中にて，$-0.2 \sim 0.7$ V vs. RHE の電位範囲において 90% 以上の選択性で H$_2$O$_2$ を生成した．この反応選択性は活性中心である Mg^{2+} が酸素との親和性が低いためと考えられている．

3.3.4 二酸化炭素還元反応（CO$_2$RR）

二酸化炭素は地球温暖化の原因となる温室効果ガスの一種であり，近年，地球環境保全のためにその排出量低減が推進されてい

る．二酸化炭素の排出抑制はもちろん重要であるが，人間が活動す
る限りは排出量をゼロにすることは現実的でないであろう．二酸化
炭素に対するもう 1 つのアプローチは，二酸化炭素を還元し，利用
可能な別の炭素化合物に変換することである．この反応を二酸化炭
素還元反応（carbon dioxide reduction reaction：CO_2RR）とよぶ．
CO_2RR には様々な生成物を与える反応が存在し，それぞれの反応
の pH＝7 の水溶液中における標準電極電位（vs. SHE）は次のよう
に示される［73］．（ここには掲載していない反応もあるため，興
味のある方は参考文献を参照されたい．）

$$CO_2 + e^- \rightarrow CO_2^{\cdot -} \quad E^\circ = -1.900 \text{ V}$$
$$CO_2 + 2H^+ + 2e^- \rightarrow CO + H_2O \quad E^\circ = -0.530 \text{ V}$$
$$CO_2 + 4H^+ + 4e^- \rightarrow HCHO + H_2O \quad E^\circ = -0.480 \text{ V}$$
$$CO_2 + 6H^+ + 6e^- \rightarrow CH_3OH + H_2O \quad E^\circ = -0.380 \text{ V}$$
$$CO_2 + 8H^+ + 8e^- \rightarrow CH_4 + 2H_2O \quad E^\circ = -0.240 \text{ V}$$
$$2CO_2 + 12H^+ + 12e^- \rightarrow C_2H_4 + 4H_2O \quad E^\circ = -0.349 \text{ V}$$

反応式の通り，これらの反応は大きな卑電位の印加が必要，複数の
プロトンや電子の移動を伴うなど進行しづらい反応である．また，
標準電極電位の差が小さい反応も存在し，単一の生成物を選択的に
得るには精密な触媒設計が求められる．さらに，プロトンが十分に
存在する環境において大きな卑電位が印加されると，プロトンが還
元され HER が進行する．したがって，CO_2RR 触媒は，HER の進行
を抑制しつつも，目的の炭素化合物が得られる CO_2RR 経路を選択
的に促進することが求められる．配位ナノシートを用いた CO_2RR
触媒は近年徐々に報告例が増えている．

　Zhong らはフタロシアニン配位子を用いた $M1_2[M2PcO_8]$（M1，
M2＝Cu，Zn）の CO_2RR 触媒能を報告した［74］．それぞれの金

属イオンの組合せにて合成した $M1_2[M2PcO_8]$ をカーボンナノチューブとコンポジット化し，二酸化炭素飽和 0.1 M $KHCO_3$ 水溶液中で CO_2RR 触媒能を評価したところ，ヘテロメタル体である $Zn_2[CuPcO_8]$ が最も高い CO 生成のファラデー効率（-0.7 V vs. RHE で最大 88％）と TOF 0.39 s^{-1} を示した．オペランド電気化学分光法[10]と計算科学的手法に基づく考察では，その反応機構は以下のように説明される．$[ZnO_4]$ 錯体部が CO_2RR の触媒活性点，CuPc 錯体部位が HER 触媒活性点として機能している．CuPc は電子と H_2O を引き寄せることでプロトンを生成し，その一部は HER により H_2 となるが，一部のプロトンは $[ZnO_4]$ に移動する．CuPc と電極・電解質から供給されたプロトンと電子が $[ZnO_4]$ 上に吸着した CO_2 と結合することで $CO_2 \rightarrow {}^*COOH \rightarrow {}^*CO$ と還元反応が進行して CO が生成される（図 3.20）．この 2 つの異なる金属錯体部位の相乗効果によって効率的な CO_2RR が実現されている．また，$Zn_2[CuPcO_8]$ は -0.7 V vs. RHE にて 10 時間以上安定して動作し，その間の CO 生成反応のファラデー効率も安定していた．また，$[ZnO_4]$ は動作させる電位により，CO と H_2 の生成割合が異なるため，印加電位により様々な比率の CO/H_2 混合気体を得ることができる．この混合気体を原料に炭化水素化合物の合成を行えると期待される．

　この他にもフタロシアニン骨格を有する配位ナノシート $M1_2[M2PcX_8]$ を用いた CO_2RR による CO 生成についての報告がある．

10　オペランド測定とは，電池や触媒などが実際に動作している様子を分光学的に観測する測定である．文献［74］では $Zn_2[CuPcO_8]$ 配位ナノシート/カーボンナノチューブコンポジット体が電気化学的に CO_2RR 触媒として動作している状態で分光測定（X 線吸収スペクトル（XAS）と表面増強赤外吸収（SEIRA））を行うことで，その触媒反応過程解析が行われている．

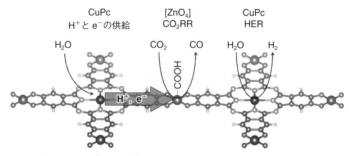

図 3.20　Zn₂[CuPcO₈] における CO₂RR 反応触媒機構の概念図

Meng らは Cu₂[MPcX₈]（M＝Co, Ni, X＝O, NH）を用いて, フタ
ロシアニン配位子の金属イオンと二次元構造形成時の配位元素が
CO₂RR 活性に与える影響を議論した［75］. それぞれの CO₂RR 特
性を二酸化炭素飽和 KHCO₃ 溶液中で評価したところ, Cu₂[CoPc
(NH)₈] が最も触媒性能が高く, −0.74 V vs. RHE にて最大のファ
ラデー効率 85％, 電流密度−17.3 mA cm⁻² を示したと報告してい
る. なお, 耐久性の面においては Cu₂[MPcX₈] はいずれも 10 時間
にわたって安定した電流密度を示した. Cao らのグループは Ni₂
[NiPcX₈]（X＝O, NH）について二酸化炭素飽和 0.5 M KHCO₃ 溶液
中で特性評価を行い, Ni₂[NiPc(NH)₈] については−0.7 V vs. RHE
にて最大ファラデー効率 96.4％, Ni₂[NiPcO₈] については−0.85 V
vs. RHE にて最大ファラデー効率 98.4％ を報告している［76, 77］.
また, いずれの Ni₂[NiPcX₈] も 10 時間の耐久試験において安定し
た電流密度を示し, ファラデー効率も 86％ 以上を維持した. なお,
CO₂RR の反応活性点について, Meng らや Cao らのグループの報告
では, 計算科学的手法による反応経路考察, 分光法や対照実験によ
る実験的考察からフタロシアニン配位子の金属中心が触媒活性点で

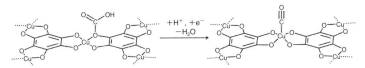

図 3.21 Cu₃(THBQ)₂ における CO₂RR 反応触媒機構の概念図

あると提唱されている. また, フタロシアニン骨格をもたない配位
ナノシートでも CO₂RR による CO 生成が報告されている. Majidi
らは合成した Cu₃(THBQ)₂ 粉末を超音波により液中で剥離し, 平
均ドメインサイズ 140 nm, 膜厚 10 nm の Cu₃(THBQ)₂ ナノフレー
クを作製し, 二酸化炭素飽和 1 M 塩化コリン溶液および 1 M KOH
溶液中で CO₂RR 触媒能を評価した [78]. Cu₃(THBQ)₂ ナノフレー
クは開始電位 -0.126 V vs. RHE, -0.45 V vs. RHE における電流密
度は約 -173 mA cm^{-2}, -0.135 V〜-0.43 V の範囲における CO 生
成のファラデー効率が平均約 91%, TOF は -0.43 V vs. RHE にて
20.82 s^{-1} と優れた特性と選択性を示すとともに, 24 時間にわたり
安定して動作した. 計算科学的手法から Cu₃(THBQ)₂ における
CO₂RR について, [CuO₄] 錯体の O 原子上に *COOH が結合した中
間状態と, *CO が銅イオン上に結合した中間状態を経て生成物 CO
を与える反応経路が考察されている (図 3.21).

さて, 先述したように CO₂RR は CO 以外にも様々な炭素化合物
が生成されうる. これらの化合物の生成反応を触媒する配位ナノ
シートについて本節の最後に簡単に紹介する. Cu₃(HHTT)₂ は開始
電位 -0.4 V vs. RHE, 最大ファラデー効率 53.6% で CH₃OH を生成
する [79]. 副生成物は競合して進行する HER により生成される
H₂ だが, その他の炭素化合物は生成されず, 選択性良く CO₂RR を
進行する. Cu₃(HATNA)₂ は最大ファラデー効率 78% で CH₄ を生

成する [38]. 対照実験に用いられた単核金属錯体 [(n-C$_3$H$_7$)$_4$N]$_2$[Cu(C$_6$Cl$_4$O$_2$)$_2$] も最大ファラデー効率 25% で CO$_2$RR 触媒能を示したが，HATNA 配位子の導入による二次元構造構築により触媒能が引き上げられている．Cu$_3$(HHTP)$_2$ に電気化学的還元処理を施すことにより形成されたコンポジット物質 Cu$_2$O/Cu$_3$(HHTP)$_2$ もまた CH$_4$ を生成物として与え，その最大ファラデー効率は 73% だった [80]．また，Cu$_2$[CuPcO$_8$] について最大ファラデー効率 50% で C$_2$H$_4$ の生成が報告されている [81]．

3.4 エネルギー貯蔵材料

　エネルギー貯蔵とは，後々に使うためのエネルギーを何らかの形で一時的に貯めておくことである．様々なエネルギー貯蔵法の中で，完全平面系配位ナノシートの応用が試みられているのは電気を貯蔵するための二次電池とキャパシタ（コンデンサ）の電極材料である．はじめに電池とキャパシタの違いについて簡単に理解しておこう．どちらも電気を貯める素子であることは共通であるが，充放電を行う際に化学反応（酸化還元反応）が起こるか否かが異なる．電池は酸化還元反応によって電極の酸化状態が変化することで電気エネルギーと化学エネルギーを変換しながら電気エネルギーの貯蔵と放出を行うのに対して，キャパシタは電極表面に電気（電荷）を静電気的に貯蔵し，必要の際に放出する（図 3.22）．この蓄電方式の違いに由来し，電池とキャパシタではその特性に様々な違いが見られる．

　電池は，一度貯めたエネルギーを使い切ると再利用できない一次電池と，充放電を繰り返すことのできる二次電池に分類される．一次電池が放電する際の化学反応は不可逆であるため，一度反応が進

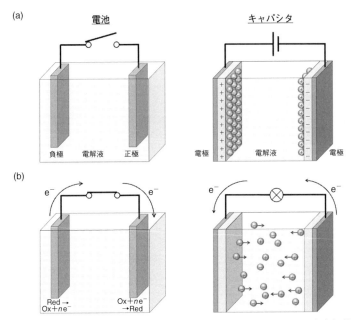

図 3.22　(a) 初期状態にある電池と充電状態にあるキャパシタ，および (b) 放電中の電池とキャパシタの模式図．図中の Ox, Red はそれぞれ酸化体，還元体を示す．

むと元の状態には戻れない．例えば，市販されている電池の 1 つであるアルカリマンガン電池の正極と負極で起こる化学反応は下記のように表される．

　正極：$2MnO_2 + H_2O + 2e^- \rightarrow Mn_2O_3 + 2OH^-$

　負極：$Zn + 2OH^- \rightarrow ZnO + H_2O + 2e^-$

　電池の起電力（電圧）は正極で起こっている反応と負極で起こっ

ている反応との標準電極電位の差に依存して決まり，アルカリマンガン電池の場合の公称電圧は 1.5 V である．では二次電池ではどのような化学反応が起こっているのだろうか．二次電池の代表であるリチウムイオン電池の化学反応式は下記のように表される（放電時には右に反応が進む）．

正極：$Li_{1-x}CoO_2 + xLi^+ + xe^- \rightleftarrows LiCoO_2$

負極：$Li_xC_6 \rightleftarrows xLi^+ + xe^- + 6C$

化学反応式を一見した限りでは負極の炭素（C）と正極のコバルト酸リチウム（$LiCoO_2$）の酸化状態が変化しており，一次電池の例と同じく不可逆な反応のように思われる．しかし，重要なのはそれぞれの電極の化学構造である．炭素（グラファイト）は二次元の炭素薄膜が無数に積層された層状物質である．充電時の Li_xC_6 はグラファイトの層間にリチウムイオン（Li^+）が入り込んだインターカレーション状態を示している．さらに正極材料のコバルト酸リチウム（$LiCoO_2$）もコバルトと酸素からなる層状構造の間に Li^+ がインターカレーションした構造となっている．したがって，コバルトの酸化還元反応による価数変化に伴って，Li^+ が正極と負極の層状物質間を行き来することで電池としてはたらく（図 3.23）．リチウムイオン電池の定格電圧は 3.7 V とアルカリマンガン電池の倍以上の電圧を出力できる．ただし，二次電池も無限に充放電を繰り返せるわけではない．リチウムイオン電池に関しては数千回程度の充放電サイクルで寿命に至る．より長く使えるよう，充放電サイクルの耐久性に優れた電池の開発が進められている．また，電池が貯蔵できる電気エネルギーの量は電極材料が酸化還元反応でいかに多くの電子を出し入れできるかに依存する．電池の軽量化と大容量化の面ではなるべく軽くて多電子が関わる酸化還元反応を示す物質が電極

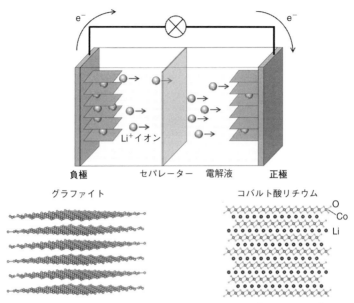

図 3.23　放電中のリチウムイオン電池の模式図と，負極（グラファイト）と正極（コバルト酸リチウム）の化学構造．

材料として望ましい．

　最後に電池の充放電時の電圧変化について見ておこう．電池の電圧は正極と負極で起こっている酸化還元反応の標準電位差が関わっている．この差は熱力学的に決まっているものであるから，反応中に変化することはなく，反応が続く限り電圧は一定となる（ただし実際にはある程度の電圧変化は生じる）．したがって，放電中の電圧はほぼ一定に保たれ，酸化還元反応が終わると電圧が降下するという放電曲線が描かれる（図 3.24a）．充電時は理想的にはこの放電曲線を逆方向に辿る曲線となる．また，化学反応の進行には時間

がかかるので（キャパシタと比較して）長時間電気エネルギーを供給し続けられる代わりに充電にも時間が必要である.

　次はキャパシタについて見ていこう.キャパシタが貯められる電荷量 Q は静電容量 C と電圧 V を用いて以下の式で表される.

$$Q = CV$$

したがって，印加した電圧に比例して電荷を貯めることができる（実際には完全な比例関係にはならない場合もある）.静電容量 C が大きいほど，同じ電圧を印加した際に多くの電荷を貯められることになる.キャパシタは電極表面で充放電を行うのみなので，電池と比較すると蓄積できる電気の量は限られるが，電極の化学状態変化が起こらないため高速な充放電が可能な上，充放電サイクルに対する耐久性の面でも有利である.充放電曲線は，充電時には電流を流している時間（電荷を貯めている時間）に比例するように直線的に電圧が上昇し，放電時には直線的に電圧が減少する（図 3.24b）.このときのグラフから静電容量 C を以下の式で見積もることができる.

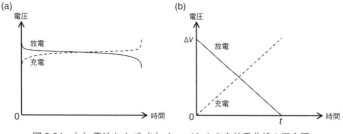

図3.24　(a) 電池および (b) キャパシタの充放電曲線の概念図

表3.6 電池とキャパシタの特徴比較

	二次電池	キャパシタ
蓄電方法	電極物質の酸化還元反応	電極表面に電荷を貯蔵
貯められる電気量	多い	少ない
充放電の速さ	遅い	速い
充放電への耐久性	キャパシタより低い	高い
充放電時電圧	ほぼ一定	電荷量に比例

$$C = \frac{\Delta Q}{\Delta V} = \frac{It}{\Delta V}$$

なお，Iは電流（A），tは時間（秒），ΔVは充電により変化した電圧（V）である．実際の測定においては，キャパシタ内部に抵抗となる因子が存在するとIRドロップとよばれる現象により，充放電開始時に急激な電圧の増減が見られる場合もある．なお，材料評価においては材料1gあたりどれだけの電荷を貯蔵できるかを示すため，静電容量Cの単位はF g^{-1}（ファラド毎グラム）で報告されることが多い．最後に二次電池とキャパシタの特徴を表3.6のようにまとめる．

さて，以上の話を踏まえると，完全平面系配位ナノシートのエネルギー貯蔵材料への応用展開が試みられている理由が理解いただけるのではないかと思う．完全平面系配位ナノシートの中でも，ビス（ジチオラト）金属錯体およびその類縁錯体からなるナノシートは，(1) 金属錯体部分が酸化還元活性，(2) 層状構造・空孔構造を利用したイオンの脱挿入や輸送が可能，(3) 二次元構造に由来する大きな表面積，(4) 電極材料としての親和性に優れる電気伝導性といった特徴を有することから，これらの蓄電素子の電極材料に適していると期待される．それでは実際の応用研究の例を見ていこう．

3.4.1 配位ナノシートの二次電池電極材料応用

（A）リチウムイオン電池正極材料への応用例

完全平面系配位ナノシートをリチウムイオン電池のカソード電極（正極）材料に用いた最初の例は $Ni_3(HIB)_2$ を用いた西原，坂牛らによる報告である [82]．$Ni_3(HIB)_2$ の主骨格であるビス（ジイミノ）ニッケル錯体は二電子酸化・二電子還元反応を行えるため，ナノシートの酸化還元に伴い多くのイオンの脱挿入が行えると期待される（図 3.25a）．サイクリックボルタンメトリーによる酸化還元挙動評価によると，$Ni_3(HIB)_2$ は約 3.65 V vs. Li^+/Li に一対の酸化還元ピーク，3.21 V に酸化ピークを示した．それぞれのピークは電解質中のヘキサフルオロリン酸イオン（PF_6^-）およびリチウムイオンの脱挿入を伴う酸化還元反応に由来する（図 3.25b）．$Ni_3(HIB)_2$ で修飾したカソード電極を用いて，2.0 V〜4.5 V の範囲で充放電曲線測定を行ったところ，電流密度 10 mA g^{-1} の充放電速度において，比容量 155 mAh g^{-1}，エネルギー密度 434 Wh kg^{-1} となった．この比容量はコバルト酸リチウムを用いたリチウムイオン電池の比容量に匹敵する．さらに電流密度 250 mA g^{-1} で行われた充放電サイクル試験においては 300 サイクルにわたって安定したサイクル特性を示した．同グループはさらに，コバルトとニッケルの2種類の金属イオンからなるヘテロメタル配位ナノシート（$Co_x Ni_{1-x}$)$_3$(HIB)$_2$ を合成し，様々な混合比におけるリチウムイオン電池正極材料としての性能を評価した [83]．コバルトイオン，ニッケルイオンがおよそ当量入った（$Co_{0.56}Ni_{0.44}$)$_3$(HIB)$_2$ が，電流密度 100 mA g^{-1} での測定において最大の比容量 248 mAh g^{-1} を示した（図 3.25c）．ヘテロメタル化による層間距離の変化が，PF_6^- の脱離挿入が関わる酸化還元反応を起こりやすくしたことが比容量増加の要因と考えられる．また，同グループは配位子構造依存性について

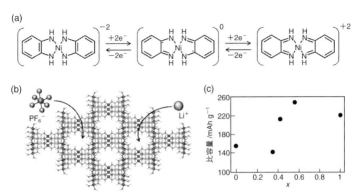

図 3.25 (a) ビス（ジイミノ）ニッケル錯体の二電子酸化および二電子還元反応．(b) Ni₃(HIB)₂ への Li⁺ および PF₆⁻ の取り込み．(c) (CoₓNi₁₋ₓ)₃(HIB)₂ の金属イオン混合比と比容量．

も評価している [84]．Cu₃(HIB)₂, Cu₃(TIBTO)₂, Cu₃(HHB)₂ はそれぞれ，[CuN₄]，[CuN₂O₂]，[CuO₄] からなる錯体構造を有する．1 M LiPF₆/炭酸エチレン－炭酸ジエチル（3：7）混合電解質溶液中における電流密度 5 mA g⁻¹ での 20 サイクルの充放電サイクル測定にて，Cu₃(HIB)₂ は最大 200 mAh g⁻¹ であったのに対し，Cu₃(TIB-TO)₂ は最大 40 mAh g⁻¹ と比容量は低かった．Cu₃(HHB)₂ は 500 mAh g⁻¹ とナノシートの酸化還元反応のみでは説明できないほどの大比容量を示したが，6 サイクル以降は充放電が行えなくなったことから，この測定条件においてナノシート構造や電解質の分解が生じていたと考えられる．

Jiang らは Cu₃(HHB)₂ の充放電特性を 1 M LiPF₆/炭酸エチレン－炭酸ジエチル（1：1）混合電解質溶液中にて電流密度 50 mA g⁻¹ で測定し，その比容量を 387 mAh g⁻¹ と報告している [10]．また，100 回の充放電サイクル後も初期比容量の 85% にあたる 340 mAh

g^{-1} を保っていた．この大きな比容量は金属錯体部位の 3 電子酸化
還元反応とそれに付随する Li^+，PF_6^- の挿入・脱離により実現され
ていると考えられる．また，配位元素が S である BHT からなる配
位ナノシートもリチウムイオン電池電極材料に応用できる．

　Wu らは電気伝導特性に優れる Cu_3BHT を電極材料として採用し
た［85］．電流密度 50 mA g^{-1} における充放電試験において Cu_3B-
HT は 232 mAh g^{-1} の比容量を示した．この充電比容量は Cu_3BHT
が 4 電子酸化還元反応により Li^+ の出し入れを行うと考えたときの
理論比容量（236 mAh g^{-1}）とほぼ一致する．さらに電流密度を大
きくし，300 mA g^{-1} で充放電を行っても最大で 175 mAh g^{-1} の比
容量を示し，500 サイクルにわたる充放電サイクルでも容量減少率
は 1 サイクルあたり 0.048% と極めて小さく，安定して動作した．
電流密度を最大 2000 mA g^{-1} まで高めても，100 mAh g^{-1} 以上の比
容量を示し，高速な充電が可能であることが示唆された．また，自
己放電率は 0.00025 V h^{-1} と低く，充電から 10 日後でも充電直後
と比較して約 98% の比容量を保持していた．

　配位子の架橋構造はベンゼンに限られない．また，金属錯体部位
のみならず，配位子部位も酸化還元活性な物質を利用することが可
能である．copper(II) 2,3,9,10,16,17,23,24-octahydroxy-29H,31H-
phthalocyanine（$CuPc(OH)_8$）は，フタロシアニン環が 2 電子，4
つのカテコール部位が 8 電子の合計 10 電子の酸化還元反応を示せ
る配位子である．$CuPc(OH)_8$ を用いた配位ナノシート $Cu_2[CuPcO_8]$
の充電・放電比容量は電流密度 13 mA g^{-1} での測定においてそれぞ
れ 151 mAh g^{-1}，128 mAh g^{-1} だった［86］．この値は，先に述べ
た 10 電子酸化還元反応が進行した場合に得られる理論比容量
（304.3 mAh g^{-1}）の約 49% に相当する．また，200 回の充放電サ
イクルにおいてもクーロン効率は 95% 以上と容量減衰も少なく，

安定した動作を示した.

物質の性能を高める際には,複数の物質を組み合わせたコンポジットを用いる方法がある.Meng らは Cu_3BHT ナノシートと還元型酸化グラフェン(Reduced graphene oxide:rGO)のコンポジットを合成し,その性能を評価した(図 3.26a)[87].rGO と Cu_3BHT の質量比が 1:1 のコンポジット rGO/Cu_3BHT について電流密度 $50\ mA\ g^{-1}$ で測定した時の比容量は $1013.3\ mAh\ g^{-1}$ と算出された.同電流密度で測定された非結晶性 Cu_3BHT の比容量は $130.9\ mA\ g^{-1}$ であり,rGO とのコンポジット化により比容量が大きく増加していることがわかる.さらに電流密度を大きくした $2000\ mA\ g^{-1}$ においても rGO/Cu_3BHT 比容量 $449.9\ mAh\ g^{-1}$ を示し,高速な充放電が可能であると期待される.また,電流密度 $1000\ mA\ g^{-1}$ における充放電試験では 600 サイクルにわたって動作し,最終的な比容量は $898.7\ mAh\ g^{-1}$ で安定した推移を示した.rGO/Cu_3BHT は単体の Cu_3BHT に比べてリチウムイオンが物質内部を拡散しやすく,酸化還元活性部位に容易にアクセスできることが性能向上に寄与していると考えられる.

配位ナノシートは層状物質であり,これを剥離して膜厚ナノメートルスケールにすることで,多層構造体(バルク)のときよりも優れた性能を発揮することが期待される.Wang らはドデシル硫酸ナトリウム(sodium dodecyl sulfate:SDS)共存下で $M_3(HHB)_2$(M $=Ni$,Cu)と $Cu_3(HHTP)_2$ を合成し,超音波によりへき開することで,各ナノシートを膜厚 5 nm 程度(10 層程度に相当)で獲得することに成功した(図 3.26b)[88].この薄膜化 $Cu_3(HHB)_2$ のリチウムイオン電池カソード材料としての性能を評価すると,電流密度 $100\ mA\ g^{-1}$ での充放電測定では比容量 $153\ mAh\ g^{-1}$ を示し,電流密度 $1000\ mA\ g^{-1}$ による充放電サイクル試験では 1000 サイクル

(a)

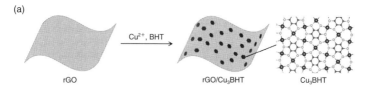

(b)

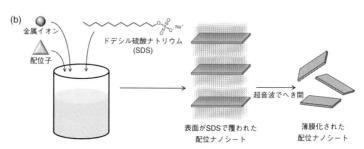

図 3.26 (a) rGO/Cu₃BHT コンポジット合成の概念図. (b) ドデシル硫酸ナトリウム共存下での配位ナノシート合成と超音波へき開による配位ナノシート薄膜の合成.

後も初期比容量（99 mAh g⁻¹）の 90% の容量を保持していた. 薄膜化していないバルクの Cu₃(HHB)₂ の比容量は電流密度 100 mA g⁻¹ にて 40〜50 mAh g⁻¹ と薄膜化試料の 1/3 以下だった. 薄膜化によりリチウムイオンの拡散が容易になったこと，充放電に関わる酸化還元活性部位が増加したことが，高速な充放電と比容量の向上に寄与していると考えられる.

(B) その他の二次電池材料への応用例

リチウムイオン電池以外の二次電池電極材料に配位ナノシートを応用する研究も進められており，その一例がリチウムイオンに代わりナトリウムイオンを利用したナトリウムイオン電池への応用である. ナトリウムはリチウムよりも存在量が豊富で安価なため，リチ

ウムイオン電池に代わる二次電池としても注目されている.

　$M_3(HIB)_2$ がリチウムイオン電池カソード材料に応用できること
を前項で紹介したが,このナノシートはナトリウムイオン電池カ
ソード材料としても利用可能である.$Co_3(HIB)_2$ は電流密度 50 mA
g^{-1} における充放電特性評価で 291 mA g^{-1} の比容量を示した [22].
この値は理論容量 312 mAh g^{-1} に近く,定量的なナトリウムイオ
ンの取り込みが行えていると考えられる.さらに 4000 mA g^{-1} とい
う大きな電流密度においても約 190 mAh g^{-1} の比容量を示し,150
サイクルにわたって保持していた.$M_3(HHTP)_2$($M=Cu$, Zn)を
用いた例も報告されている [89].電流密度 1000 mA g^{-1} にて行わ
れた充放電サイクル試験において,$Cu_3(HHTP)_2$ は 130 mAh g^{-1} 程
度の比容量を示し,500 サイクル程度は安定した動作を示したが,
それ以降は性能が劣化し充放電が行えなくなったのに対し,
$Zn_3(HHTP)_2$ は 5000 サイクル後も初期比容量(約 100 mAh g^{-1})
の約 70% の容量を保持していた.この安定性の違いは
$Cu_3(HHTP)_2$ の銅イオンが関与する酸化還元反応が充放電サイクル
における耐久性の面で不利にはたらいたためと考えられる.

　これらの他,亜鉛電池のカソード電極に $Cu_3(HHTP)_2$ を適用した
例 [90],リチウム硫黄電池のカソード電極に $Ni_3(HITP)_2$ を適用し
た例 [91],OER/ORR 電極触媒の項(3.3.2 項,3.3.3 項)で紹介し
た $(Mn/Fe)_3(HIB)_2$ [21],$Co_3(HITP)_2$ [70],$Co_2[PcCuO_8]$ [71]
を亜鉛空気電池のカソード電極に利用した例などが報告されてお
り,様々な二次電池材料として配位ナノシートは展開されている.
また,電極以外への応用例として,リチウム硫黄電池のセパレータ
のポリプロピレン(PP)を $Ni_3(HITP)_2$ で修飾することで比容量向
上を達成した報告もある [92].

3.4.2 配位ナノシートのキャパシタ電極材料応用

キャパシタには様々な種類があるが，配位ナノシートの応用が試みられているのは電気二重層キャパシタ（electric double-layer capacitor：EDLC）とよばれるものが主流である．EDLC は電解質溶液に浸した電極表面にて電気二重層を形成することで電荷を蓄えるキャパシタであり，通常のキャパシタと比較して静電容量が大きなスーパーキャパシタに分類される．

配位ナノシートを EDLC に応用した最初の例は，Sheberla らにより報告された $Ni_3(HITP)_2$ である［93］．$Ni_3(HITP)_2$ は直径約 1.5 nm の大きな空孔を有しており，窒素吸着法によりその表面積（Brunauer-Emmett-Teller surface area：BET 表面積）は 630 m^2 g^{-1} と算出された．また，$Ni_3(HITP)_2$ はその積層構造により，空孔が縦に連なってチャネルを形成している（図 3.27a）．この空孔構造は電解液からイオンを取り込んで電気二重層を形成するのに適していると考えられる．ペレット化した $Ni_3(HITP)_2$ を用いた二電極セルでの充放電特性評価にて，電流密度 0.05 A g^{-1} で重量比容量は 111 F g^{-1} となり，活性炭と同程度の性能を示した．充放電サイクル試験では 10,000 サイクル後においても初期容量の 90% を維持していた．また，剥離により薄膜化した $Co_3(HITP)_2$，$Mn_3(HITP)_2$ とカーボンナノチューブを混合した試料について，電流密度 0.5 A g^{-1} での測定にてそれぞれ 142 mAh g^{-1}，124 mAh g^{-1} の比容量と，10,000 回の充放電サイクル後も 85% の容量を維持する耐久性が報告されている［94］．その他のビス（ジイミノ）金属錯体からなる配位ナノシートについても，キャパシタ特性が報告されている．電解重合法にて電極表面に形成された $Ni_3(HIB)_2$ について，キャパシタとしての応用可能性を示唆する結果が示されている［95］．またペレット化された $Ni_3(HIB)_2$ と $Cu_3(HIB)_2$ の粉末試料について，そ

れぞれ重量比容量が 420 F g^{-1}, 215 F g^{-1} と報告されている [25].
この大きな比容量は M$_3$(HIB)$_2$ の酸化還元反応の寄与により実現し
ていると考えられる.さらに Ni$_3$(HIB)$_2$ ペレットについて,電流密
度 10 A g^{-1} にて充放電サイクル試験を行ったところ,12,000 サイ
クル後も初期の 90% の容量を保持しており高い耐久性がみられた.
また,フタロシアニン骨格を有する配位ナノシート M$_2$[CuPc
(NH)$_8$] (M=Ni, Cu) は,1 M Na$_2$SO$_4$ 溶液中での電流密度 0.5 A
g^{-1} での充放電試験において,Ni$_2$[CuPc(NH)$_8$] は 400 F g^{-1},
Cu$_2$[CuPc(NH)$_8$] は 332 F g^{-1} の重量比容量を示した [96].また,
M$_2$[CuPc(NH)$_8$] は電流密度 10 A g^{-1} における 5,000 サイクルの充
放電を繰り返しても初期容量の 91% 以上を保持し,高い耐久性を
示した.さらに,M$_2$[CuPc(NH)$_8$] とゼラチン/Na$_2$SO$_4$ ゲル電解質
を用いて作製された擬固体電解質キャパシタについて,重量比容量
145 F g^{-1} (電流密度 1 A g^{-1}),充放電 5,000 サイクル (電流密度
10 A g^{-1}) 後にて 90% 以上の容量保持率が報告されている.

　以上で紹介した配位ナノシートはいずれもビス (ジイミノ) 金属
錯体をモチーフとしたものであるが,その他の金属錯体からなる配
位ナノシート群についてもキャパシタ応用の報告例がある.Banda
らは Ni$_3$BHT の 1 M LiPF$_6$/CH$_3$CN 電解質溶液中でのサイクリック
ボルタンメトリー測定 (掃引速度 3 mV s^{-1}) より,その重量比容
量を 245 F g^{-1} と報告している [16].また,8000 サイクルの充放
電後の容量保持率は 80% 以上であった.他の電解質 (NEt$_4$PF$_6$,
NEt$_4$BF$_4$, NBu$_4$BF$_4$) を用いた実験においては重量比容量が約 30 F
g^{-1} と大きく減少したこと,Ni$_3$BHT は大きな空孔を有していない
化学構造であることから,層間への小さなイオン (Li$^+$) のイン
ターカレーションがキャパシタ性能の実現に寄与していると考えら
れる (図 3.27b).また,Gittins らは Cu$_3$(HHTP)$_2$ の重量比容量に

(a)

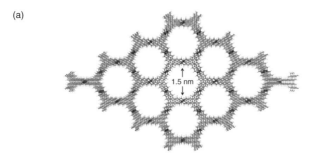

1.5 nm

(b)

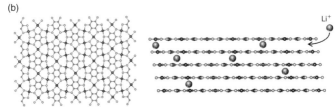

Li⁺

図 3.27 (a) Ni₃(HITP)₂ の積層構造. (b) Ni₃BHT の化学構造と層間への Li⁺のインターカレーション.

ついて，1 M NEt₄BF₄/CH₃CN 電解質溶液中で電流密度 0.04〜0.05 A g^{-1} にて行った測定で 110〜114 F g^{-1} であったと報告している [97]．この値は，同じくトリフェニレン骨格の配位子をもち，類似した積層構造を有する Ni₃(HITP)₂ の重量比容量（先述，電流密度 0.05 A g^{-1} で 111 F g^{-1}）と同程度である．ただし，高電圧における耐久性に課題があり，安定に動作できる電圧上限は 1 V，それ以上の電圧，特に 1.3 V 以上では顕著な劣化が見られた．0〜1 V の電圧範囲での充放電においても，電流密度が 1 A g^{-1} と高速であれば 30,000 サイクル後も 81% の容量保持率であったが，電流密度を 0.1 A g^{-1} と遅くし，高い電圧が印加される時間が長くなると，顕著に容量保持率が減衰した．

3.5　センサー

　完全平面系配位ナノシートを利用したセンサーは大きく2つに分けられ，1つは光に応答して電気信号（光電流）を出力する光センサー，もう1つは物質を検出するセンサーである．後者はさらに，気体や揮発性の物質が配位ナノシートと相互作用することで生じる電気伝導率の変化を利用した化学抵抗性センサー（chemiresistive sensor）と，主に溶液中のイオンや生体関連分子を検出することを目的とした電気化学センサーや溶液ゲート型電界効果トランジスタセンサーなどに分類できる．本項ではそれぞれのセンサーを報告した研究について紹介する．

3.5.1　光センサー

　光センサーとなりうる配位ナノシートを用いた素子の最初の例はビス（ジピリナト）亜鉛錯体ナノシート（4.1節）を用いた光電変換素子であろう［98,99］．この配位ナノシートは電気伝導性をもたず，膜厚が増加するにつれて光から電流への変換効率（光電変換の量子収率）が低下してしまうこと，そして動作原理上，犠牲試薬を含む電解質溶液が必要であることが課題であった．半導体特性を示す完全平面系配位ナノシートを用いることで，既存の全固体型素子（溶液を必要としない素子）の作製技術を活用して，これらの課題を克服した光センサーの開発が行えると期待される．

　完全平面系配位ナノシートを光センサーに応用した最初の例としては Arora らの報告が挙げられる［100］．彼らは $Fe_3(THT)_2(NH_4)_3$ 配位ナノシートを用いて紫外光から近赤外光，波長にして400〜1575 nm の広い波長範囲の光を検出可能な光センサー素子を開発した（図3.28a）．ガラス上に転写した $Fe_3(THT)_2(NH_4)_3$ にインジウ

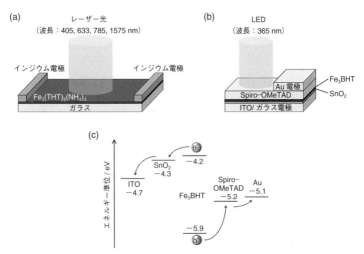

図 3.28 (a) Fe₃(THT)₂(NH₄)₃ の光センサー素子の模式図. (b) Fe₃BHT を用いた光センサー素子の模式図と (c) 各物質のエネルギー準位.

ム電極を付け，適切な電圧を印加した状態で光照射すると，暗所時での測定よりも大きな電流が流れる．この光照射の有無による電流値の比を用いることで光検出器として利用できる．−1 V の電圧を印加して 785 nm の光を強度 0.60 W cm⁻² で照射したときの電流値を I_{ph}，暗所での電流値を I_{dark} とすると，その比 (I_{ph}/I_{dark}) は室温付近の 300 K では 0.3，液体窒素温度の 77 K では 6 となり，低温のほうがセンサーとしての性能が向上する．Fe₃(THT)₂(NH₄)₃ のバンドギャップは小さく，室温では熱励起の影響を受けるため，その影響を抑制できる低温環境が動作時に求められる．なお，光が当たってから電流値が上昇するまでの応答時間はおよそ 1〜3 秒だった．

Wang らは Fe₃BHT ナノシートを光検出の活物質として利用し，

室温で外部電源を用いずに動作可能な紫外光用の光センサーを報告した［101］．SnO₂/ITO 透明電極上に載せた Fe₃BHT ナノシート上に，ホール輸送層として 2,2′,7,7′-tetrakis[*N,N*-di(4-methoxyphenyl)amino]-9,9′-spirobifluorene（Spiro-OMeTAD）の膜を作製し，さらにその上に金電極を蒸着することでセンサー素子とした（図3.28b）．これらの物質は，光照射によって Fe₃BHT 内部で生じる電子とホールを効率よく輸送して光電流を得られるよう，適切なエネルギー準位をもつものが選択されている（図 3.28c）．これにより電源供給がなくとも光電流を発生させることが可能となった．この素子に 365 nm の紫外光を照射すると 40 ミリ秒未満と高速な光電流応答を示す．さらに，大気下に 60 日間置かれた後であっても，素子作製直後に観測された光電流に対して 94% 以上の光電流を発生させる性能を示し，耐久性も高い．

3.5.2　化学抵抗性センサー

　完全平面系配位ナノシートにおいては平面四配位型の金属錯体が配列しており，これらの錯体の上下方向の配位場（アキシアル位）が空いた状態になっている．これらの配位場に外部から別の物質がやってきて化学的に相互作用すると，金属錯体の電子状態が変化する．これにより配位ナノシート自体の電子状態変化も引き起こされ，導電性が上昇または低下すると考えられる．すなわち，配位ナノシートと相互作用可能な物質を電気信号（観測される電流値の増加・減少）で検出する化学物質センサーとして応用でき，化学抵抗性センサーとよばれている．配位ナノシートの二次元性に由来する表面積の大きさや，物質の輸送経路となりうる構造体内の空孔の存在も化学抵抗性センサー材料として応用する際の優位点である．

　配位ナノシートが化学抵抗性センサーの検出部位用物質として利

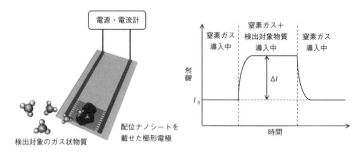

図3.29 櫛形電極上に載せた配位ナノシートを用いた化学抵抗性センサーの模式図と検出対象物質に対する電流応答の概念図

用可能かを調べるには,櫛形電極上に配位ナノシートのフィルムもしくは粉末の懸濁液を垂らして載せ,乾燥させた後に適切な電圧を印加した状態で検出したい物質を含む環境に置き,電流値が変化するかを調べるのが簡便な手法であろう(図3.29).センサーの応答性は,検出物質導入前後での電流値の変化量(ΔI)と導入前の電流値(I_0)の比,または検出物質導入前後での抵抗値の変化量(ΔR)と導入前の抵抗値(R_0)の比で表記することで示されることが多い.低濃度の物質に対しても大きな応答性を示すセンサーがより優れた性能を有していると考えられる.対象物質を検出できる最低の濃度を検出限界(limit of detection:LOD)といい,検出限界の値が小さいほど高感度のセンサーとなる.配位ナノシートを用いたセンサーについては ppm(parts per million, 1 ppm=0.0001%)やppb(parts per billion, 1 ppb=0.001 ppm=0.0000001%)オーダーの検出限界が報告されている.

完全平面系配位ナノシートを利用した最初の化学抵抗性センサーの例は Dincă らのグループが報告した $Cu_3(HITP)_2$ を使用したアンモニアセンサーであろう[102].彼らは $Cu_3(HITP)_2$ のアセトン分

散液を櫛形金電極上に垂らして乾燥させたものをセンサー素子として利用した.この素子の二電極間に 100 mV の電圧をかけた状態でアンモニアガスを含んだ窒素ガスを流すと,電極間に流れる電流量が変化した.また,その変化量は 10 ppm までのアンモニアガス濃度に対して直線的であり,アンモニアガスを定量的に検出できること,0.5 ppm もの低濃度のアンモニアガスをも検出できることを示した.その後,同グループは $Cu_3(HHTP)_2$, $Cu_3(HITP)_2$, $Ni_3(HITP)_2$ を用いた揮発性の有機物(アルコール類,芳香族化合物,アミン類,炭化水素類,ケトン・エーテル類)を検出する化学抵抗性センサーを報告している [32].このセンサーの応答挙動を分類することで,検出された化合物の種類を判断できる.この他,フタロシアニン骨格をもつ配位ナノシートを用いた NH_3, H_2S, NO のセンシングや [103],コバルトテトラアザ [14] アヌレン骨格をもつナノシートの NO_2, NO に対する選択的な応答が報告されている [4].

　さて,近年は曲げられる素子(フレキシブルデバイス)に対して需要や注目が高まっている.配位ナノシートは有機物の柔軟な薄膜であるため,フレキシブルデバイスとの相性がよいと考えられる.実際に配位ナノシートを用いてフレキシブルなセンサー素子を作製した例を見ていこう.Mirica らのグループは $Ni_3(HITP)_2$ および $Ni_3(HHTP)_2$ で表面を修飾した布が NO, H_2S を検出する化学抵抗性センサー材料として利用できることを報告した [104].布は絶縁体であるが,$Ni_3(HITP)_2$ および $Ni_3(HHTP)_2$ を合成する際に反応溶液中に綿布を浸漬しておくと,表面が配位ナノシートで修飾されて導電性をもち,ひねったり曲げたりしても性能が維持される.self-organized frameworks on textiles (SOFT)-devices と名付けられたこの配位ナノシートで修飾された布は,NO を 0.16 ppm, H_2S を

0.23 ppm の理論検出限界で高感度に検出することができる．他にも薄膜有機ポリマーのように柔軟な基材の上につくられた電極上に配位ナノシートを合成することで，フレキシブルな化学物質センサーを作製することができる．Liu らのグループはスピンコーティングの手法を応用し，ポリエチレンテレフタレートフィルム基材に作製した櫛形金電極上に Cu_3BHT 配位ナノシートを合成し，アンモニアセンサーとしての性能を評価した [105]．このセンサー素子を曲げ半径 10, 7, 3 mm に曲げた状態にしても，20 ppm のアンモニアガスに対する応答強度は維持されていた．さらに，1000 回の屈曲試験を繰り返した後も性能は保持されていたことを報告している．

　ここからはセンサー性能を高める工夫について見ていこう．1つは複数の配位子を導入し，ナノシート構造を変更した例である（図 3.30a）[106, 107]．HHTP と THBQ の2種類の配位子からなる Cu_3(HHTP)(THBQ) は 100 ppm の NH_3 ガスに対する応答性が単一配位子からなる $Cu_3(HITP)_2$ や $Cu_3(HHTP)_2$ よりも高まることが報告された．また，空孔構造が構造体内のガス拡散に寄与するため $Cu_3(THBQ)_2$ よりも応答速度が優れている．2つ目は配位ナノシートの表面を修飾する手法である（図 3.30b）．表面を疎水性の octa-decyltrimethoxysilane（OTMS）で化学修飾された $Ni_2[CuPc(NH)_8]$-OTMS は，湿度応答性評価において，化学修飾されていない $Ni_2[CuPc(NH)_8]$ の回復時間約 50 秒よりも短い 10 秒の回復時間を示した [108]．また，様々な揮発性有機分子に対する検出試験において，$Ni_2[CuPc(NH)_8]$-OTMS はメタノールとエタノールに対して選択的な応答を示した．3つ目は配位ナノシートを載せる基板の形状を変更し，センサーの暴露面積の拡大や物質輸送の向上を図ることである（図 3.30c）．通常の櫛形電極を用いる場合，ナノシートは平板状の基板上に載せられる．Liu らは TiO_2 のナノワイ

(a) 複数の配位子による構造変更

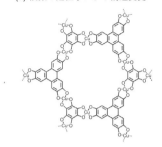

(b) ナノシート表面の化学修飾

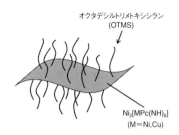

オクタデシルトリメトキシシラン
(OTMS)

Ni₂[MPc(NH)₈]
(M＝Ni,Cu)

(c) 電極形状変更による表面積拡大・
　　物質輸送向上

Cu₃(HHTP)₂ を表面に形成した TiO₂ ナノワイヤー

TiO₂ 基板

(d) 他の物質とのコンポジット化

Cu₃(HHTP)₂　　Fe₂O₃ ナノ粒子

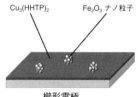

櫛形電極

図 3.30　配位ナノシートを用いた化学抵抗性センサー性能向上のための工夫例

ヤーが並んだ基板を作製し，そのワイヤー上に逐次的錯形成法により $Cu_3(HHTP)_2$ を合成した［109］．通常の $Cu_3(HHTP)_2$ フィルムを用いたセンサーに比べて，NH_3 ガスに対する応答性と応答速度が向上し，検出限界も 1000 倍に向上した．4 つ目は光照射とコンポジット化による例である（図 3.30d）［110］．Jo らは $Cu_3(HHTP)_2$ を用いたセンサーが NO_2 に対して高い選択性で大きな応答を示すことを見出した．しかし，NO_2 が安定な銅錯体を形成するために NO_2 の導入を停止してもセンサーが初期状態に戻らず，繰り返し特性に大きな課題があった．青色光（$E＝2.76$ eV, $\lambda＝450$ nm 相当）

を照射して $Cu_3(HHTP)_2$ に電荷分離を引き起こすことで吸着した NO_2 の脱離を促進することが可能であったが，センサーは完全には初期状態に戻らなかった．Fe_2O_3 ナノ粒子とのコンポジット化により，光照射により生じる電荷分離状態の寿命を引き伸ばすことで，青色光照射下で $Cu_3(HHTP)_2$-Fe_2O_3 センサーは NO_2 に対して可逆に応答することが可能となった．また，検出限界は 11 ppb と高感度なセンシングが可能である．

3.5.3 電気化学センサー，溶液ゲート FET センサー

前項で紹介した化学抵抗性センサーは気体の物質もしくは揮発性の有機物を検出するセンサーであった．近年，配位ナノシートを用いた溶液中の物質を検出するセンサーも報告されてきている．溶液中の化学物質を検出する手法の1つは電気化学に基づくものであり，表面に配位ナノシートを担持した作用電極を用いて，サイクリックボルタンメトリー（cyclic voltammetry：CV）や微分パルスボルタンメトリー（differential pulse voltammetry：DPV）測定を行うことで検出対象の物質の酸化還元波を観測してセンシングを行う電気化学センサーや，検出対象物質の存在や濃度を電位変化として検出する電位差測定センサーがある（図 3.31）．

はじめに電気化学センサーの例を挙げる．Wu らは $Cu_3(HHTP)_2$ で修飾したグラッシーカーボン電極（glassy carbon electrode：GCE）による DPV 測定により，ドーパミンを 50 nM から 200 μM の広い濃度範囲で定量的に検出できることを示した．なお，検出限界は 5.1 nM だった．さらにこの修飾電極は 100 倍濃度のアスコルビン酸が共存した環境でもドーパミンを選択的に検出可能だった [111]．また，Ko らによる $Ni_3(HHTP)_2$ 修飾 GCE を用いた研究において，ドーパミンとセロトニンを 40 nM から 200 μM の幅広い濃

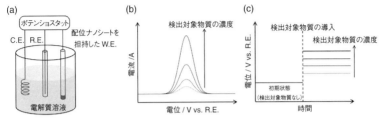

図 3.31　(a) 電気化学的手法を用いたセンサーの模式図，および検出対象物質に対する (b) 電気化学センサーの微分パルスボルタモグラムの応答と (c) 電位差測定センサーの応答の概念図.

度範囲で検出することに成功しており，それぞれの検出限界は 63 nM と 40 nM だったと報告されている [112]．さらに，10 倍濃度のアスコルビン酸と尿酸が共存した溶液においてもドーパミンの検出が可能だった．Zhao らは $Cu_3(HHTX)_2$ で修飾した GCE を用いることで，溶液中のパラコート（1,1′−ジメチル−4,4′−ビピリジニウムジクロリド，除草剤に用いられる毒性物質）を 0.041 μM の検出限界で，定量的な電気化学的検出を行えることを報告している [36]．電位差測定センサーの例としては Mendecki と Mirica により報告された $M_3(HHTP)_2$（M＝Co，Ni，Cu）を用いた K^+ と NO_3^- センサーがある [113]．GCE 電極上にドロップキャストした $M_3(HHTP)_2$ を目的のイオンを透過するイオン選択性膜で覆って作製されたこのセンサーは，溶液中の K^+ または NO_3^- 濃度の常用対数値に対して，それぞれの電極電位が直線的に増加，減少した．この直線的電位変化を示す濃度範囲はおよそ 10^{-6}〜10^{-2} M であり，幅広い濃度範囲にセンサーが利用可能である．

　液中の化学物質検出の他の手法として，溶液ゲート FET センサーが挙げられる．まず電界効果トランジスタ（field-effect transistor：FET）の原理を簡単に押さえておこう．FET には様々な種

類があるが，ここではゲート，ソース，ドレインと呼ばれる三端子を用いて配位ナノシート FET を作製することを考えよう．まず，表面が十分な厚さの酸化膜（SiO$_2$）で覆われた導電性の良いシリコン基板の上に配位ナノシートのフィルムを置く．そして配位ナノシートに 2 つの電極をつけ，これらを図 3.32a のように配線する．このとき，シリコン基板がゲート，電極 1 がソース，電極 2 がドレインとなる．ゲートに電圧をかけずに（$V_g = 0$ V），ソース–ドレイン間に電圧 V_{ds} を印加すると配位ナノシート内の電子が移動して電流（I_{ds}）が流れる（図 3.32b）．ここで，ゲートに電圧 V_g を印加することを考える．V_g がマイナスの場合，シリコンに電子が注入され，これを打ち消すように酸化膜が分極し，結果として配位ナノシートにホールが注入される（図 3.32c）．電子をキャリアとする n 型配位ナノシートの場合，注入されたホールは配位ナノシートの電子と結合して打ち消し合うため，配位ナノシート内を移動できる電子数が減少し，ソース–ドレイン間を流れる電流 I_{ds} が減少する（図 3.32d）．それに対してホールをキャリアとする p 型配位ナノシートの場合は，この条件ではキャリア密度が増加するため，I_{ds} が大きくなる．V_{ds} を一定にして V_g を変化させると，ナノシート内の自由に動ける電子（またはホール）が最も打ち消された状態となる V_g にて I_{ds} が極小となる（図 3.32d）．このときの V_g は測定対象の配位ナノシートの種類や状態によって変化する．V_g を変化させることにより配位ナノシートに電子やホールを注入することができるため，配位ナノシートの電気伝導性をチューニングすることができる．溶液ゲート FET はこの例におけるシリコン基板の代わりに電解質溶液に浸した参照電極がゲートの役割を担う（図 3.32e）．適切な V_g と V_{ds} を印加し，I_{ds} を観測しながら電解質溶液に検出対象物質を添加すると，対象物質と配位ナノシート間の相互作用や電子

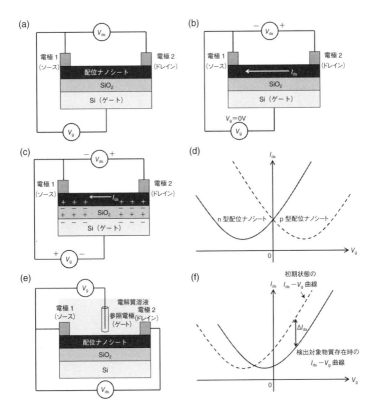

図 3.32 (a) 配位ナノシートを用いた FET 素子の概念図. (b) ソース－ドレイン電圧 V_{ds} を印加した場合. (c) V_{ds} およびゲートにマイナスのゲート電圧 V_g を印加した場合. (d) 一定の V_{ds} を印加した状態で V_g を変化させた場合の n 型配位ナノシート (実線) および p 型配位ナノシート (点線) の I_{ds} 変化. (e) 溶液ゲート FET 素子の模式図. (f) 初期状態 (点線) および検出対象物質存在時 (実線) の I_{ds}-V_g 曲線の概念図.

の授受により配位ナノシートの状態変化が生じ，それに伴う I_{ds} の値の変化（ΔI_{ds}）が見られる（図3.32g）．これにより物質の検出を行うことができる．この手法を利用した $Ni_3(HITP)_2$ の溶液ゲートFETによるグルコン酸のセンシングにおいて，10^{-6} から 10^{-3} g mL^{-1} の濃度範囲における検出が報告されている［114］．また，$Cu_3(HHTP)_2$ の溶液ゲートFETではドーパミンについて検出限界 100 nM，最高濃度 50 μM まで検出に成功した［115］．なお，この素子はドーパミンに選択的に応答を示し，アスコルビン酸，尿酸，グルコースについては応答しないか極めて小さな応答を示すのみにとどまった．また，表面を DNA プローブで修飾した $Ni_3(HITP)_2$ を用いた溶液ゲートFETを用いて，水銀イオンを 10 pM〜100 nM の範囲で定量的に検出した例も近年報告されている［116］．このセンサーは水銀イオンに対して選択的に応答し，その他の金属イオン（Cu^{2+}，Cd^{2+}，Pb^{2+}，Zn^{2+}，Mg^{2+}，Co^{2+}）に対しては極めて小さな応答を示すのみだった．

3.6 その他の応用例

ここまで紹介した例以外の完全平面系配位ナノシートの応用例について簡単に紹介する．

（A）有機発光素子の正孔輸送層材料

有機発光素子（Organic light-emitting device：OLED）は，有機化合物からなる発光層に電子と正孔が注入され再結合することによって発光する現象を利用しており，次世代のディスプレイや照明装置などへ応用されている．電極から発光層に正孔を運ぶ正孔輸送層の材料としては PEDOT：PSS（ポリ（3,4-エチレンジオキシチ

オフェン）−ポリ（スチレンスルホナート））がよく使われるが，吸
湿性が高く，酸性の物質であるため，電極である ITO をエッチン
グして素子の耐久性を下げてしまう課題があった．Li らは酸素プ
ラズマで酸化処理した $Ni_3(BHT)_2$ を有機発光素子の正孔輸送層材
料に用いた（図 3.33a）[117]．従来の PEDOT：PSS を正孔輸送層
材料に用いた素子と比べて，発光性能や効率が向上するとともに，
耐久性も約 2 倍に向上した．

(B) エチレン吸脱着物質

　エチレンは我々の身の回りの様々な工業品などを生産する際の原
料になる物質であり，その効率的な精製法の確立は重要である．
Mendecki らはビス（ジチオラト）金属錯体がエチレン分子を可逆
に吸脱着することができる特性を活かし，$M_3(THT)_2$（M＝Co，Ni，
Cu）をエチレン吸脱着物質に利用した（図 3.33b）[118]．
$M_3(THT)_2$ に正電圧（＋2.0 V）を印加して酸化するとエチレンが吸
着され，負電圧（−2.0 V）を印加して還元すると吸着されていた
エチレンが放出され，$Ni_3(THT)_2$ が最大の放出量を示した．また，
エチレン吸着の阻害物質となりうる CO や H_2S 存在下においても，
性能低下は起こるもののエチレンを吸脱着した．

(C) CO_2RR 光触媒

　Huang らは $Cu_3(HHTP)_2$ の空孔に $[Ru(phen)_3]^{2+}$（phen＝1,10-
phenanthroline）錯体を取り込ませた複合体材料 $Ru@Cu_3(HHTP)_2$
の CO_2RR 光触媒特性を評価した（図 3.33c）[119]．犠牲試薬のト
リエタノールアミンを含むアセトニトリル/水（4：1）溶液中で
$Ru@Cu_3(HHTP)_2$ に波長 400 nm 以上の可視光を照射すると，$[Ru(phen)_3]^{2+}$錯体の光励起された電子が $Cu_3(HHTP)_2$ の錯体部位に移

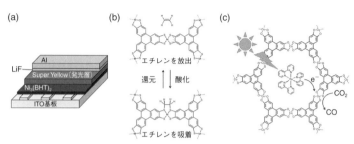

図 3.33 (a) Ni₃(BHT)₂ を正孔輸送層材料に用いた OLED 素子の模式図. (b) M₃(THT)₂ の酸化還元反応によるエチレン吸脱着. (c) Ru@Cu₃(HHTP)₂ による CO₂RR 光触媒.

動することで効率的に CO₂RR が進行し CO が生成した. 研究室用光源を用いたテストでは, Ru@Cu₃(HHTP)₂ に含まれる光増感剤 ([Ru(phen)₃]²⁺錯体) の量は既存の触媒の 1/500 であるにもかかわらず, それらよりも優れた生成速度 130 mmol g⁻¹ h⁻¹, 選択性 92.9% で CO が生成した.

3.7 おわりに

本章では完全平面系配位ナノシートの電気伝導特性と, 電極触媒, エネルギー貯蔵材料, センサーへの応用例についてまとめた. 新たな二次元物質として完全平面系配位ナノシートの研究はこの 10 年の間に大きく発展し, 実験面からのアプローチのみならず, 計算科学的手法を用いた理論面から機能や特性を解明する試みも盛んに行われている. 今後も完全平面系配位ナノシートの新たな応用展開が進むことが期待される.

文献

［1］ T. Kambe, R. Sakamoto, K. Hoshiko, K. Takada, M. Miyachi, J.-H. Ryu, S. Sasaki, J. Kim, K. Nakazato, M. Takata, H. Nishihara：*J. Am. Chem. Soc.*, **135**, 2462（2013）.

［2］ T. Kambe, S. Tsukada, R. Sakamoto, H. Nishihara：*Inorg. Chem.*, **50**, 6856（2011）.

［3］ 草本哲郎・神戸徹也・西原　寛：日本結晶学会誌, **55**, 323（2013）.

［4］ Y. Jiang, I. Oh, S. H. Joo, O. Buyukcakir, X. Chen, S. H. Lee, M. Huang, W. K. Seong, S. K. Kwak, J.-W. Yoo, R. S. Ruoff：*J. Am. Chem. Soc.*, **141**, 16884（2019）.

［5］ Y. Yue, P. Cai, X. Xu, H. Li, H. Chen, H.-C. Zhou, N. Huang：*Angew. Chem. Int. Ed.*, **60**, 10806（2021）.

［6］ T. Li, W.-D. Zhang, Y. Liu, Y. Li, C. Cheng, H. Zhu, X. Yan, Z. Li, Z.-G. Gu：*J. Mater. Chem. A*, **7**, 19676（2019）.

［7］ X. Huang, H. Li, Z. Tu, L. Liu, X. Wu, J. Chen, Y. Liang, Y. Zou, Y. Yi, J. Sun, W. Xu, D. Zhu：*J. Am. Chem. Soc.*, **140**, 15153（2018）.

［8］ Y. Sun, X. Huang, Y. Jin, Y. Li, Z. Li, Y. Zou, Y. Sun, W. Xu：*Inorg. Chem.*, **61**, 5060（2022）.

［9］ J. Park, A. C. Hinckley, Z. Huang, D. Feng, A. Yakovenko, M. Lee, S. Chen, X. Zou, Z. Bao：*J. Am. Chem. Soc.*, **140**, 14533（2018）.

［10］ Q. Jiang, P. Xiong, J. Liu, Z. Xie, Q. Wang, X.-Q. Yang, E. Hu, Y. Cao, J. Sun, Y. Xu, L. Chen：*Angew. Chem. Int. Ed.*, **59**, 5273（2020）.

［11］ F. Li, T. D. Liu, S. Xie, J. Guan, S. Zhang：*ChemSusChem*, **14**, 2452（2021）.

［12］ R. Zhang, J. Liu, Y. Gao, M. Hua, B. Xia, P. Knecht, A. C. Papageorgiou, J. Reichert, J. V. Barth, H. Xu, L. Huang, N. Lin：*Angew. Chem. Int. Ed.*, **59**, 2669（2020）.

［13］ R. A. Murphy, L. E. Darago, M. E. Ziebel, E. A. Peterson, E. W. Zaia, M. W. Mara, D. Lussier, E. O. Velasquez, D. K. Shuh, J. J. Urban, J. B. Neaton, J. R. Long：*ACS Cent. Sci.*, **7**, 1317（2021）.

［14］ C. M. Tan, M. Horikawa, N. Fukui, H. Maeda, S. Sasaki, K. Tsukagoshi, H. Nishihara：*Chem. Lett.*, **50**, 576（2021）.

［15］ T. Kambe, R. Sakamoto, T. Kusamoto, T. Pal, N. Fukui, K. Hoshiko, T. Shimojima, Z. Wang, T. Hirahara, K. Ishizaka, S. Hasegawa, F. Liu, H. Nishihara：*J. Am. Chem. Soc.*, **136**, 14357（2014）.

［16］ H. Banda, J.-H. Dou, T. Chen, N. J. Libretto, M. Chaudhary, G. M. Bernard, J. T. Miller, V. K. Michaelis, M. Dincă：*J. Am. Chem. Soc.*, **143**, 2285（2021）.

［17］ X. Huang, S. Zhang, L. Liu, L. Yu, G. Chen, W. Xu, D. Zhu：*Angew. Chem. Int. Ed.*, 57, 146（2018）.

［18］　T. Pal, T. Kambe, T. Kusamoto, M. L. Foo, R. Matsuoka, R. Sakamoto, H. Nishihara：*ChemPlusChem*, **80**, 1255（2015）.

［19］　T. Pal, S. Doi, H. Maeda, K. Wada, C. M. Tan, N. Fukui, R. Sakamoto, S. Tsuneyuki, S. Sasaki, H. Nishihara：*Chem. Sci.*, **10**, 5218（2019）.

［20］　I.-F. Chen, C.-F. Lu, W.-F. Su：*Langmuir*, **34**, 15754（2018）.

［21］　S. S. Shinde, C. H. Lee, J.-Y. Jung, N. K. Wagh, S.-H. Kim, D.-H. Kim, C. Lin, S. U. Lee, J.-H. Lee：*Energy Environ. Sci.*, **12**, 727（2019）.

［22］　J. Park, M. Lee, D. Feng, Z. Huang, A. C. Hinckley, A. Yakovenko, X. Zou, Y. Cui, Z. Bao：*J. Am. Chem. Soc.*, **140**, 10315（2018）.

［23］　J.-H. Dou, L. Sun, Y. Ge, W. Li, C. H. Hendon, J. Li, S. Gu, J. Yano, E. A. Stach, M. Dincă：*J. Am. Chem. Soc.*, **139**, 13608（2017）.

［24］　Y. Cui, J. Yan, Z. Chen, J. Zhang, Y. Zou, Y. Sun, W. Xu, D. Zhu：*Adv. Sci.*, **6**, 1802235（2019）.

［25］　D. Feng, T. Lei, M. R. Lukatskaya, J. Park, Z. Huang, M. Lee, L. Shaw, S. Chen, A. A. Yakovenko, A. Kulkarni, J. Xiao, K. Fredrickson, J. B. Tok, X. Zou, Y. Cui, Z. Bao：*Nat. Energy*, **3**, 30（2018）.

［26］　A. C. Hinckley, J. Park, J. Gomes, E. Carlson, Z. Bao：*J. Am. Chem. Soc.*, **142**, 11123（2020）.

［27］　J. Y. Choi, J. Park：*ACS Appl. Electron. Mater.*, **3**, 4197（2021）.

［28］　E. M. Miner, L. Wang, M. Dincă：*Chem. Sci.*, **9**, 6286（2018）.

［29］　T. Chen, J.-H. Dou, L. Yang, C. Sun, N. J. Libretto, G. Skorupskii, J. T. Miller, M. Dincă：*J. Am. Chem. Soc.*, **142**, 12367（2020）.

［30］　A. J. Clough, J. M. Skelton, C. A. Downes, A. A. de la Rosa, J. W. Yoo, A. Walsh, B. C. Melot, S. C. Marinescu：*J. Am. Chem. Soc.*, **139**, 10863（2017）.

［31］　Y. Cui, J. Yan, Z. Chen, W. Xing, C. Ye, X. Li, Y. Zou, Y. Sun, C. Liu, W. Xu, D. Zhu：*iScience*, **23**, 100812（2020）.

［32］　M. G. Campbell, S. F. Liu, T. M. Swager, M. Dincă：*J. Am. Chem. Soc.*, **137**, 13780（2015）.

［33］　M. Hmadeh, Z. Lu, Z. Liu, F. Gándara, H. Furukawa, S. Wan, V. Augustyn, R. Chang, L. Liao, F. Zhou, E. Perre, V. Ozolins, K. Suenaga, X. Duan, B. Dunn, Y. Yamamoto, O. Terasaki, O. M. Yaghi：*Chem. Mater.*, **24**, 3511（2012）.

［34］　Z. Meng, K. A. Mirica：*Nano Res.*, **14**, 369（2021）.

［35］　J.-H. Dou, M. Q. Arguilla, Y. Luo, J. Li, W. Zhang, L. Sun, J. L. Mancuso, L. Yang, T. Chen, L. R. Parent, G. Skorupskii, N. J. Libretto, C. Sun, M. C. Yang, P. V. Dip, E. J. Brignole, J. T. Miller, J. Kong, C. H. Hendon, J. Sun, M. Dincă：*Nat. Mater.*, **20**,

222（2021）.

［36］ Q. Zhao, S.-H. Li, R.-L. Chai, X. Ren, C. Zhang：*ACS Appl. Mater. Interfaces*, **12**, 7504（2020）.

［37］ H. T. B. Pham, J. Y. Choi, S. Huang, X. Wang, A. Claman, M. Stodolka, S. Yazdi, S. Sharma, W. Zhang, J. Park：*J. Am. Chem. Soc.*, **23**, 10615（2022）.

［38］ Y. Liu, S. Li, L. Dai, J. Li, J. Lv, Z. Zhu, A. Yin, P. Li, B. Wang：*Angew. Chem. Int. Ed.*, **60**, 16409（2021）.

［39］ X. Sun, K.-H. Wu, R. Sakamoto, T. Kusamoto, H. Maeda, H. Nishihara：*Chem. Lett.*, **46**, 1072（2017）.

［40］ X. Sun, K.-H. Wu, R. Sakamoto, T. Kusamoto, H. Maeda, X. Ni, W. Jiang, F. Liu, S. Sasaki, H. Masunaga, H. Nishihara：*Chem. Sci.*, **8**, 8078（2017）.

［41］ Y. Jiang, I. Oh, S. H. Joo, Y.-S. Seo, S. H. Lee, W. K. Seong, Y. J. Kim, J. Hwang, S. K. Kwak, J.-W. Yoo, R. S. Ruoff：*J. Am. Chem. Soc.*, **142**, 18346（2020）.

［42］ R. Toyoda, N. Fukui, D. H. L. Tjhe, E. Selezneva, H. Maeda, C. Bourgès, C. M. Tan, K. Takada, Y. Sun, I. Jacobs, K. Kamiya, H. Masunaga, T. Mori, S. Sasaki, H. Sirringhaus, H. Nishihara：*Adv. Mater.*, **34**, 2106204（2022）.

［43］ X. Huang, P. Sheng, Z. Tu, F. Zhang, J. Wang, H. Geng, Y. Zou, C.-a. Di, Y. Yi, Y. Sun, W. Xu, D. Zhu：*Nat. Commun.*, **6**, 7408（2015）.

［44］ T. Takenaka, K. Ishihara, M. Roppongi, Y. Miao, Y. Mizukami, T. Makita, J. Tsurumi, S. Watanabe, J. Takeya, M. Yamashita, K. Torizuka, Y. Uwatoko, T. Sasaki, X. Huang, D. Zhu, N. Su, J. -G. Cheng, T. Shibauchi, K. Hashimoto：*Sci. Adv.*, **7**, eabf3996（2021）.

［45］ R. W. Day, D. K. Bediako, M. Rezaee, L. R. Parent, G. Skorupskii, M. Q. Arguilla, C. H. Hendon, I. Stassen, N. C. Gianneschi, P. Kim, M. Dincă：*ACS Cent. Sci.*, **5**, 1959（2019）.

［46］ D.-G. Ha, M. Rezaee, Y. Han, S. A. Siddiqui, R. W. Day, L. S. Xie, B. J. Modtland, D. A. Muller, J. Kong, P. Kim, M. Dincă, M. A. Baldo：*ACS Cent. Sci.*, **7**, 104（2021）.

［47］ Z. F. Wang, N. Su, F. Liu：*Nano Lett.*, **13**, 2842（2013）.

［48］ D. González-Flores, G. Fernández, R. Urcuyo：*J. Chem. Educ.*, **98**, 607（2021）.

［49］ T. Shinagawa, A. T. Garcia-Esparza, K. Takanabe：*Sci. Rep.*, **5**, 13801（2015）.

［50］ Z. Han, R. Eisenberg：*Acc. Chem. Res.*, **47**, 2537（2014）.

［51］ A. J. Clough, J. W. Yoo, M. H. Mecklenburg, S. C. Marinescu：*J. Am. Chem. Soc.*, **137**, 118（2015）.

［52］ R. Dong, M. Pfeffermann, H. Liang, Z. Zheng, X. Zhu, J. Zhang, X. Feng：*Angew. Chem. Int. Ed.*, **54**, 12058（2015）.

［53］ K.-H. Wu, J. Cao, T. Pal, H. Yang, H. Nishihara：*ACS Appl. Energy Mater.*, **4**, 5403（2021）.

［54］ X. Huang, H. Yao, Y. Cui, W. Hao, J. Zhu, W. Xu, D. Zhu：*ACS Appl. Mater. Interfaces*, **9**, 40752（2017）.

［55］ H. Huang, Y. Zhao, Y. Bai, F. Li, Y. Zhang, Y. Chen：*Adv. Sci.*, **7**, 2000012（2020）.

［56］ R. Dong, Z. Zheng, D. C. Tranca, J. Zhang, N. Chandrasekhar, S. Liu, X. Zhuang, G. Seifert, X. Feng：*Chem. Eur. J.*, **23**, 2255（2016）.

［57］ B. Geng, F. Yan, X. Zhang, Y. He, C. Zhu, S.-L. Chou, X. Zhang, Y. Chen：*Adv. Mater.*, **33**, 2106781（2021）.

［58］ Y. Umena, K. Kawakami, J.-R. Shen, N. Kamiya：*Nature*, **473**, 55（2011）.

［59］ X. Zhang, Q. Liu, X. Shi, A. M. Asiri, X. Sun：*Inorg. Chem. Front.*, **5**, 1405（2018）.

［60］ H. Jia, Y. Yao, J. Zhao, Y. Gao, Z. Luo, P. Du：*J. Mater. Chem. A*, **6**, 1188（2018）.

［61］ M. Zhang, B.-H. Zheng, J. Xu, N. Pan, J. Yu, M. Chen, H. Cao：*Chem. Commun.*, **54**, 13579（2018）.

［62］ X.-H. Liu, Y.-W. Yang, X.-M. Liu, Q. Hao, L.-M. Wang, B. Sun, J. Wu, D. Wang：*Langmuir*, **36**, 7528（2020）.

［63］ W.-H. Li, J. Lv. Q. Li, J. Xie, N. Ogiwara, Y. Huang, H. Jiang, H. Kitagawa, G. Xu, Y. Wang：*J. Mater. Chem. A*, **7**, 10431（2019）.

［64］ J. Li, P. Liu, J. Mao, J. Yam, W. Song：*J. Mater. Chem. A*, **9**, 11248（2021）.

［65］ H. Shi, Y. Shen, F. He, Y. Li, A. Liu, S. Liu, Y. Zhang：*J. Mater. Chem. A*, **2**, 15704（2014）.

［66］ E. M. Miner, T. Fukushima, D. Sheberia, L. Sun, Y. Surendranath, M. Dincă：*Nat. Commun.*, **7**, 10942（2016）.

［67］ E. M. Miner, S. Gul, N. D. Ricke, E. Pastor, J. Yano, V. K. Yachandra, T. V. Voorhis, M. Dinca：*ACS Catal.*, **7**, 7726（2017）.

［68］ J. Park, Z. Chen, R. A. Flores, G. Wallnerström, A. Kulkarni, J. L. Nørskov, T. F. Jaramillo, Z. Bao：*ACS Appl. Mater. Interfaces*, **12**, 39074（2020）.

［69］ H. Yoon, S. Lee, S. Oh, H. Park, S. Choi, M. Oh：*Small*, **15**, 1805232（2019）.

［70］ Y. Lian, W. Yang, C. Zhang, H. Sun, Z. Deng, W. Xu, L. Song, Z. Ouyang, Z. Wang, J. Guo, Y. Peng：*Angew. Chem. Int. Ed.*, **59**, 286（2020）.

［71］ H. Zhong, K. H. Ly, M. Wang, Y. Krupskaya, X. Han, J. Zhang, J. Zhang, V. Kataev, B. Büchner, I. M. Weidinger, S. Kaskel, P. Liu, M. Chen, R. Dong, X. Feng：*Angew. Chem. Int. Ed.*, **58**, 10677（2019）.

［72］ K. Dong, J. Liang, Y. Wang, L. Zhang, Z. Xu, S. Sun, Y. Luo, T. Li, Q. Liu, N. Li, B. Tang, A. A. Alshehri, Q. Li, D. Ma, X. Sun：*ACS Catal.*, **12** 6092（2022）.

［73］ J. Yu, J. Wang, Y. Ma, J. Zhou, Y. Wang, P. Liu, J. Yin, R. Ye, Z. Zhu, Z. Fan：*Adv. Funct. Mater.*, **31**, 2102151（2021）.

［74］ H. Zhong, M. Ghorbani-Asl, K. H. Ly, J. Zhang, J. Ge, M. Wang, Z. Liao, D. Makarov, E. Zschech, E. Brunner, I. M. Weidinger, J. Zhang, A. V. Krasheninnikov, S. Kaskel, R. Dong, X. Feng：*Nat. Commun.*, **11**, 1409（2020）.

［75］ Z. Meng, J. Luo, W. Li, K. A. Mirica：*J. Am. Chem. Soc.*, **142**, 21656（2020）.

［76］ M.-D. Zhang, D.-H. Si, J.-D. Yi, Q. Yin, Y.-B. Huang, R. Cao：*Sci. China Chem.*, **64**, 1332（2021）.

［77］ J.-D. Yi, D.-H. Si, R. Xie, Q. Yin, M.-D. Zhang, Q. Wu, G.-L. Chai, Y.-B. Huang, R. Cao：*Angew. Chem. Int. Ed.*, **60**, 17108（2021）.

［78］ L. Majidi, A. Ahmadiparidari, N. Shan, S. N. Misal, K. Kumar, Z. Huang, S. Rastegar, Z. Hemmat, X. Zou, P. Zapol, J. Cabana, L. A. Curtiss, A. Salehi-Khojin：*Adv. Mater.*, **33**, 2004393（2021）.

［79］ J. Liu, D. Yang, Y. Zhou, G. Zhang, G. Xing, Y. Liu, Y. Ma, O. Terasaki, S. Yang, L. Chen：*Angew. Chem. Int. Ed.*, **60**, 14473（2021）.

［80］ J.-D. Yi, R. Xie, Z.-L. Xie, G.-L. Chai, T.-F. Liu, R.-P. Chen, Y.-B. Huang, R. Cao：*Angew. Chem. Int. Ed.*, **59**, 23641（2020）.

［81］ X.-F. Qiu, H.-L. Zhu, J.-R. Huang, P. Q. Liao, X.-M. Chen：*J. Am. Chem. Soc.*, **143**, 7242（2021）.

［82］ K. Wada, K. Sakaushi, S. Sasaki, H. Nishihara：*Angew. Chem. Int. Ed.*, **57**, 8886（2018）.

［83］ K. Wada, H. Maeda, T. Tsuji, K. Sakaushi, S. Sasaki, H. Nishihara：*Inorg. Chem.*, **59**, 10604（2020）.

［84］ M. Amores, K. Wada, K. Sakaushi, H. Nishihara：*J. Phys. Chem. C*, **124**, 9215（2020）.

［85］ Z. Wu, D. Adekoya, X. Huang, M. J. Kiefel, J. Xie, W. Xu, Q. Zhang, D. Zhu, S. Zhang：*ACS Nano*, **14**, 12016（2020）.

［86］ H. Nagatomi, N. Yanai, T. Yamada, K. Shiraishi, N. Kimizuka：*Chem. Eur. J.*, **24**, 1806（2017）.

［87］ C. Meng, P. Hu, H. Chen, Y. Cai, H. Zhou, Z. Jiang, X. Zhu, Z. Liu, C. Wang, A. Yuan：*Nanoscale*, **13**, 7751（2021）.

［88］ Z. Wang, G. Wang, H. Qi, M. Wang, M. Wang, S. Park, H. Wang, M. Yu, U. Kaiser, A. Fery, S. Zhou, R. Dong, X. Feng：*Chem. Sci.*, **11**, 7665（2020）.

［89］ Y. Chen, Q. Zhu, K. Fan, Y. Gu, M. Sun, Z. Li, C. Zhang, Y. Wu, Q. Wang, S. Xu, J. Ma, C. Wang, W. Hu：*Angew. Chem. Int. Ed.*, **60**, 18769（2021）.

［90］　K. W. Nam, S. S. Park, R. dos Reis, V. P. Dravid, H. Kim, C. A. Mirikin, J. F. Stoddart：*Nat. Commun.*, **10**, 4948（2019）.

［91］　D. Cai, M. Lu, L. Li, J. Cao, D. Chen, H. Tu, J. Li, W. Han：*Small*, **15**, 1902605（2019）.

［92］　H. Chen, Y. Xiao, C. Chen, J. Yang, C. Gao, Y. Chen, J. Wu, Y. Shen, W. Zhang, S. Li, F. Huo, B. Zheng：*ACS Appl. Mater. Interfaces*, **11**, 11459（2019）.

［93］　D. Sheberla, J. C. Bachman, J. S. Elias, C.-J. Sun, Y. Shao-Horn, M. Dincă：*Nat. Mater.*, **16**, 220（2017）.

［94］　R. Iqbal, M. Q. Sultan, S. Hussain, M. Hamza, A. Tariq, M. B. Akbar, Y. Ma, L. Zhi：*Adv. Mater. Technol.*, **6**, 2000941（2021）.

［95］　E. J. H. Phua, K.-H. Wu, K. Wada, T. Kusamoto, H. Maeda, J. Cao, R. Sakamoto, H. Masunaga, S. Sasaki, J.-W. Mei, W. Jiang, F. Liu, H. Nishihara：*Chem. Lett.*, **47**, 126（2018）.

［96］　P. Zhang, M. Wang, Y. Liu, S. Yang, F. Wang, Y. Li, G. Chen, Z. Li, G. Wang, M. Zhu, R. Dong, M. Yu, O. G. Schmidt, X. Feng：*J. Am. Chem. Soc.*, **143**, 10168（2021）.

［97］　J. W. Gittins, C. J. Balhatchet, Y. Chen, C. Liu, D. G. Madden, S. Britto, M. J. Golomb, A. Walsh, D. Fairen-Jimenez, S. E. Dutton, A. C. Forse：*J. Mater. Chem. A*, **9**, 16006（2021）.

［98］　R. Sakamoto, K. Hoshiko, Q. Liu, T. Yagi, T. Nagayama, S. Kusaka, M. Tsuchiya, Y. Kitagawa, W.-Y. Wong, H. Nishihara：*Nat. Commun.*, **6**, 6713（2015）.

［99］　R. Sakamoto, T. Yagi, K. Hoshiko, S. Kusaka, R. Matsuoka, H. Maeda, Z. Liu, Q. Liu, W.-Y. Wong, H. Nishihara：*Angew. Chem. Int. Ed.*, **56**, 3526（2017）.

［100］　H. Arora, R. Dong, T. Venanzi, J. Zscharschuch, H. Schneider, M. Helm, X. Feng, E. Cánovas, A. Erbe：*Adv. Mater.*, **32**, 1907063（2020）.

［101］　Y.-C. Wang, C.-H. Chiang, C.-M. Chang, H. Maeda, N. Fukui, I-T. Wang, C.-Y. Wen, K.-C. Lu, S.-K. Huang, W.-B. Jian, C.-W. Chen, K. Tsukagoshi, H. Nishihara：*Adv. Sci.*, **8**, 2100564（2021）.

［102］　M. G. Campbell, D. Sheberla, S. F. Liu, T. M. Swager, M. Dincă：*Angew. Chem. Int. Ed.*, **54**, 4349（2015）.

［103］　Z. Meng, A. Aykanat, K. A. Mirica：*J. Am. Chem. Soc.*, **141**, 2046（2019）.

［104］　M. K. Smith, K. A. Mirica：*J. Am. Chem. Soc.*, **139**, 16759（2017）.

［105］　X. Chen, Y. Lu, J. Dong, L. Ma, Z. Yi, Y. Wang, L. Wang, S. Wang, Y. Zhao, J. Huang, Y. Liu：*ACS Appl. Mater. Interfaces*, **12**, 57235（2020）.

［106］　M.-S. Yao, J.-J. Zheng, A.-Q. Wu, G. Xu, S. S. Nagarkar, G. Zhang, M. Tsujimoto, S. Sakaki, S. Horike, K. Otake, S. Kitagawa：*Angew. Chem. Int. Ed.*, **59**, 172（2020）.

[107] M.-S. Yao, P. Wang, Y.-F. Gu, T. Koganezawa, H. Ashitani, Y. Kubota, Z.-M. Wang, Z.-Y. Fan, K.-i. Otake, S. Kitagawa：*Dalton Trans.*, **50**, 13236（2021）.

[108] M. Wang, Z. Zhang, H. Zhong, X. Huang, W. Li, M. Hambsch, P. Zhang, Z. Wang, P. St. Petkov, T. Heine, S. C. B. Mannsfeld, X. Feng, R. Dong：*Angew. Chem. Int. Ed.*, **60**, 18666（2021）.

[109] Y. Lin, W.-H. Li, Y. Wen, G.-E Wang, X.-L. Ye, G. Xu：*Angew. Chem. Int. Ed.*, **60**, 25758（2021）.

[110] Y.-M. Jo, K. Lim, J. W. Yoon, Y. K. Jo, Y. K. Moon, H. W. Jang, J.-H. Lee：*ACS Cent. Sci.*, **7**, 1176（2021）.

[111] F. Wu, W. Fang, X. Yang, J. Xu, J. Xia, Z. Wang：*J. Chin. Chem. Soc.*, **66**, 522（2019）.

[112] M. Ko, L. Mendecki, A. M. Eagleton, C. G. Durbin, R. M. Stolz, Z. Meng, K. A. Mirica：*J. Am. Chem. Soc.*, **142**, 11717（2020）.

[113] L. Mendecki, K. A. Mirica：*ACS Appl. Mater. Interfaces*, **10**, 19248（2018）.

[114] B. Wang, Y. Luo, B. Liu, G. Duan：*ACS Appl. Mater. Interfaces*, **11**, 35935（2019）.

[115] J. Song, J. Zheng, A. Yang, H. Liu, Z. Zhao, N. Wang, F. Yan：*Mater. Chem. Front.*, **5**, 3422（2021）.

[116] S. Shen, P. Tan, Y. Tang, G. Duan Y. Luo：*ACS Appl. Electron. Mater.*, **4**, 622（2022）.

[117] S. Li, Y.-C. Wang, C.-M. Chang, T. Yasuda, N. Fukui, H. Maeda, P. Long, K. Nakazato, W.-B. Jian, W. Xie, K. Tsukagoshi, H. Nishihara：*Nanoscale*, **12**, 6983（2020）.

[118] L. Mendecki, M. Ko, X. Zhang, Z. Meng, K. A. Mirica：*J. Am. Chem. Soc.*, **139**, 17229（2017）.

[119] N. Y. Huang, H. He, S. Liu, H.-L. Zhu, Y.-J. Li, J. Xu J.-R. Huang, X. Wang, P.-Q. Liao, X.-M. Chen：*J. Am. Chem. Soc.*, **143**, 17424（2021）.

第4章

不完全平面系配位ナノシートの構造と機能

　第3章ではすべての原子が同一の平面上に存在する完全平面系ナノシートとd–π相互作用から生まれる機能性について説明した．一方，すべての原子が同一平面上にあるわけではない不完全平面系配位ナノシートでは金属錯体ユニット同士の相互作用が弱いが，金属錯体ユニット自体の機能性を活用した配位ナノシートが作製できる利点がある．不完全平面系ナノシートは，完全平面系配位ナノシートと同じく液液界面や気液界面などの二次元的に広がった二相界面での錯形成反応を用いた合成手法のほか，溶媒熱合成法によって合成されている．本章では，様々な配位子から作製される不完全系配位ナノシートとその機能について説明する．配位子・金属イオンの種類，配位構造の多様性と，そこから生じるバラエティ豊かな物性を紹介する．

4.1　ジピリナト配位ナノシート

　不完全平面系配位ナノシートの代表例として，ビス（ジピリナト）亜鉛錯体をモチーフとしたジピリナト配位ナノシートが挙げられる．ビス（ジピリナト）錯体はジピロメテンを配位子とする金属錯体である（図4.1）．ジピロメテン分子は2つのピロール環がメチン基で架橋された構造であり，発達したπ共役系をもっている．

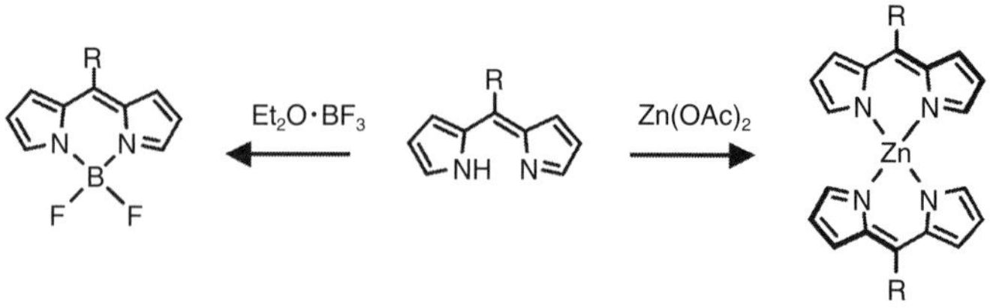

BODIPY ジピロメテン配位子 亜鉛錯体

図4.1 ジピロメテン配位子（中央），BPDIPY（左），およびビス（ジピリナト）亜鉛錯体（右）の化学構造

ジピロメテンは 500 nm 付近の可視光領域に π–π*遷移に由来する強い光吸収を示し，特にジピロメテンがホウ素に配位したホウ素ジピロメテン錯体（BODIPY）は低ストークスシフトをもち良好な量子収率で蛍光を発する有機色素としてバイオイメージングや環境発電（energy harvesting）材料に用いられている [1,2].

　ジピロメテン配位子2分子が亜鉛イオンに配位した正四面体形配位構造をもつ金属錯体がビス（ジピリナト）亜鉛錯体である（図4.1右）．ビス（ジピリナト）亜鉛錯体では2つのジピロメテン配位子は互いに直交しているが，メソ位の置換基は同一直線上にあるため，ビス（ジピリナト）亜鉛錯体をモチーフとした配位ナノシートを作製することができる．このような設計のもと，坂本らは2015年に三叉型のジピロメテン配位子 DPY1 を設計しビス（ジピリナト）亜鉛配位ナノシート Zn–DPY1 を合成することに成功した [3]（図4.2a）．多層 Zn–DPY1 は，DPY1 のジクロロメタン溶液と酢酸亜鉛（II）水溶液を用いた液液界面合成法により合成され，AFM により約 700 nm の厚み（およそ 500 層に相当）をもつことが確認された．さらに，同溶液を用いた気液界面合成法により，単

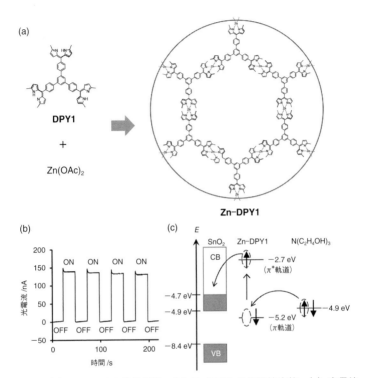

図 4.2 (a) Zn–DPY1 の化学構造. (b) Zn–DPY1 の光電流応答. (c) 光電流発生のメカニズム.

層から数層の厚みをもつビス(ジピリナト)配位ナノシートの合成にも成功した.

Zn–DPY1 は波長 500 nm 付近の可視光に対して強い吸収を示す. この光吸収を利用することで, 透明電極である酸化スズ(SnO₂)基板を Zn–DPY1 で被覆して作製した電極はフォトアノードとして機能することが明らかにされた. 犠牲試薬であるトリエタノールア

ミンの存在下，Zn–DPY1 で被覆された電極に波長 500 nm の可視光を照射すると光電流が生じた（図 4.2b）．発生する光電流の大きさは照射光の波長に依存し，Zn–DPY1 の吸光度の波長依存性に合致した．この結果は，光電流が Zn–DPY1 の励起によって生じていることを示している．この光電流の発生メカニズムは図 4.2c のように考えられている．Zn–DPY1 の配位子上の π 軌道から π*軌道に励起されると，空いた π 軌道が犠牲試薬であるトリエタノールアミンを酸化することで電子を補充する．一方，π*軌道に励起された電子は SnO$_2$ に印加された電位により SnO$_2$ の伝導帯（conduction band：CB）を通じて外部に取り出され，光電流として検出されている．

　光電変換能を定量的に評価する指標の 1 つとして内部量子収率（internal quantum yield）がある．内部量子収率 ϕ は以下の式で定義されている．

$$\phi = \frac{n_e}{n_p}$$

ここで，n_e は外部に取り出された電子数，n_p は吸収された光子の数である．Zn–DPY1 の内部量子収率は単層シートで 0.86% だった．一方，ビス（ジピリナト）亜鉛錯体を SnO$_2$ 上に単に物理的に吸着させたサンプルの内部量子収率は 0.03%，カルボキシ基を有するビス（ジピリナト）亜鉛錯体の自己組織化単分子膜（self-assembled monolayer：SAM）の内部量子収率は 0.07% であり，いずれも Zn–DPY1 より 1 桁以上小さい．すなわち，ビス（ジピリナト）亜鉛錯体を二次元構造の配位ナノシートに組み込むことで光電変換能が大きく向上する．この理由は，Zn–DPY1 の多孔性により犠牲試薬であるトリエタノールアミンがスムーズに空孔に入り込むことで犠牲試薬との電子移動が容易に起こることや，ビス（ジピリナト）亜鉛

錯体部位が空間的に離れていることで色素部位の会合による失活が抑制されていることだと考えられている．しかし，Zn–DPY1 自体は電気伝導性をもたず，層数が増えるにつれて内部量子効率が低下してしまうことが明らかとなった．

この課題を克服するため，坂本らはジピロメテンとポルフィリンを組み合わせたジピロメテン配位子 DPY2（図 4.3a）を設計し，亜鉛イオンと二相界面で錯形成反応させることで碁盤目構造をもつビ

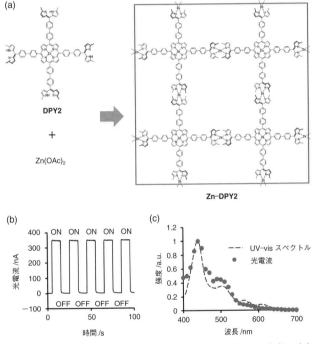

図 4.3 （a）Zn–DPY2 の化学構造．（b）Zn–DPY2 の光電流応答．（c）Zn–DPY2 の光電流発生の波長依存性と紫外可視吸光スペクトルの関係．

ス（ジピリナト）配位ナノシート Zn–DPY2 を設計，合成した [4]．
Zn–DPY1 では 500 nm 付近の可視光しか光電変換できなかったのに
対し，Zn–DPY2 ではポルフィリン部位のソーレー帯および Q 帯に
吸収がそれぞれ 400 nm，600 nm 付近に現れるため，Zn–DPY2 の
方がより広い波長領域で光電変換能を示す（図 4.3b, c）．さらに，
発達した π 共役系をもつポルフィリン骨格の導入により内部量子
効率が 2.0% になり，Zn–DPY1 の 2 倍以上に向上した．

4.2 ポリピリジン配位ナノシート

　ビピリジン（bipyridine）やテルピリジン（terpyridine）などの
ポリピリジン系配位子は分子内の複数の窒素原子が金属イオンに多
座配位するキレート配位子の代表例である（図 4.4a, b）．ポリピリ
ジン配位子は多くの遷移金属元素と安定な正八面体形錯体を形成す
ることが知られており，金属イオンの種類により多様な電気化学，
光化学物性を示す．ビス（テルピリジン）錯体やトリス（ビピリジ
ン）錯体を用いて，これらの豊富な物性を組み込んだ配位ナノシー
トの開発が進んでいる．これまでに図 4.4c に示すテルピリジンや
ビピリジンを配位子とした不完全平面系ナノシートが合成されてい
る．

4.2.1 ビス（テルピリジン）配位ナノシート

　ビス（テルピリジン）配位ナノシートは，2011 年に Bauer らに
よって合成された．鉄イオンと 6 方向テルピリジン配位子 TPY1 を
水−大気間の気液界面で反応させることで単層のビス（テルピリジ
ン）鉄錯体ナノシート Fe–TPY1 の合成に成功した [5]．Zheng ら
はさらに金属の種類や配位子の種類の拡張を行い，Co^{2+}，Ni^{2+}，

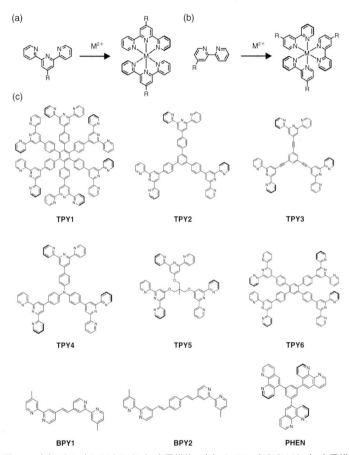

図 4.4 （a）ビス（テルピリジン）金属錯体．（b）トリス（ビピリジン）金属錯体の構造．（c）これまでに配位ナノシートに用いられたポリピリジン配位子．

Zn^{2+}や3方向テルピリジン配位子 TPY2 を用いた単層ビス（テルピリジン）配位ナノシートの作製に成功している [6,7]．これらの単層ビス（テルピリジン）配位ナノシートのなかで，Zn–TPY1 は金属イオン水溶液と接触することでトランスメタル化反応を起こし，他の Fe，Co，Pb などの他のビス（テルピリジン）配位ナノシートへ変換できた．

　一方，高田らは2015年に，液液界面合成法を用いて厚みが数十～数百ナノメートル程度の Fe–TPY2 および Co–TPY2 の多層膜を作製し，その電気化学特性を報告している（図 4.5）[8]．ビス（テルピリジン）鉄（II）錯体およびビス（テルピリジン）コバルト（II）錯体はともに可逆な酸化還元活性を示す．さらに，これらの錯体は酸化または還元に伴い色が変化するエレクトロクロミズム（electrochromism）を示すことが知られている．合成された配位ナノシートにおいてもこの電気化学的性質は保持されており，Fe–TPY2 と Co–TPY2 はともにテルピリジン錯体部位に由来する酸化還元挙動を示した．Fe–TPY2 は [Fe(tpy)$_2$]$^{2+}$ 部位が酸化されることで紫色から黄色に色変化を示した．この反応をクロノアンペロメトリー（chronoamperometry）および UV–vis 吸収スペクトルにおける [Fe(tpy)$_2$]$^{2+}$ の MLCT 遷移ピーク強度の時間変化により追跡すると，0.5秒以下という非常に速い応答速度で色変化をしていることが明らかとなった．また，Co–TPY2 は [Co(tpy)$_2$]$^{2+}$ 部位が還元されることでオレンジ色から濃紫色へと色変化を示した．これらのエレクトロクロミズムは可逆で，Fe–TPY2 は色変化を1000サイクル以上繰り返しても全く劣化を示さなかった．また，TPY2 の代わりにエチニル基を架橋部位にもつテルピリジン配位子 TPY3 を用いて作製した Fe–TPY3 は Fe–TPY2 よりも青みがかった紫色を有しており，テルピリジン配位子の設計により色彩を調整したナノシー

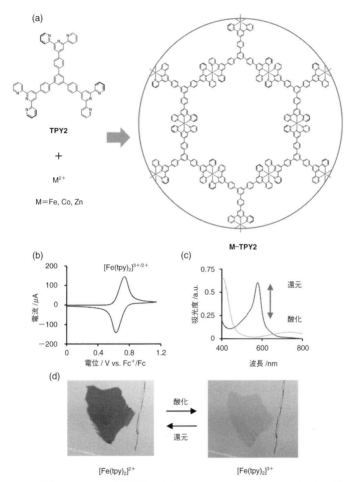

図 4.5 （a）M–TPY2 の化学構造．（b）Fe–TPY2 のサイクリックボルタモグラ
ム．（c）Fe–TPY2 の紫外可視吸光スペクトルの変化．（濃色線：[Fe
(tpy)₂]²⁺状態，淡色線：[Fe(tpy)₂]³⁺状態）．（d）Fe–TPY2 のエレクト
ロクロミズム．[カラー図は口絵 1 参照]

トが合成できた．これらの結果は，ビス（テルピリジン）配位ナノ
シートが優れたエレクトロクロミック材料であることを示してい
る．

　エレクトロクロミック材料は比較的小さなエネルギーで可逆な色
変化を起こすことができるため，航空機内のスマートウィンドウや
電子ペーパー，ディスプレイなどへの応用に向けて研究が進んでい
る．高田らは Fe–TPY2，Co–TPY2 でそれぞれ被覆された酸化イン
ジウムスズ（ITO）透明電極でポリマー電解質をはさんだ構造の
デュアルエレクトロクロミックデバイスを作製し，その動作を確認
した（図4.6）．このデバイスでは Fe–TPY2 の酸化/還元反応と Co–
TPY2 の還元/酸化反応が協奏的に起こるため，成形した配位ナノ

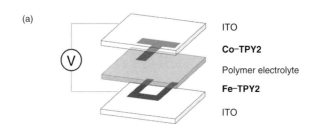

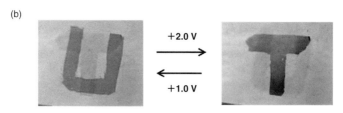

図4.6　Fe–TPY2 と Co–TPY2 を用いたデュアルエレクトロクロミックディス
　　　プレイの（a）構造と（b）動作．［カラー図は口絵2参照］

シートを用いて"U"と"T"の文字を交互に表示できた.

　この初期的なエレクトロクロミックディスプレイの開発を受けて，ビス（テルピリジン）配位ナノシートを利用したより実用的なエレクトロクロミック材料の研究が進められている．例えば Liu らは，トリアリールアミン部位を導入したテルピリジン配位子 TPY4 を用いた配位ナノシート Fe-TPY4 と Co-TPY4 を報告している [9, 10]．トリアリールアミン自身も酸化還元活性かつエレクトロクロミズムを示すので，Fe-TPY4, Co-TPY4 はともに多段階色変化を示すマルチエレクトロクロミック材料となる．さらに，Roy らは最近配位子内の架橋部位としてアルキル鎖を導入したテルピリジン配位子 TPY5 を用いた配位ナノシート Fe-TPY5 を作製した [11]．π 共役系であるフェニル基やエチニル基に比べて電子輸送能が低いアルキル基で架橋することによって，電圧を印加していない状態での色変化状態の保持時間を 25 分まで延ばすことに成功した．これらの例に代表されるように，ビス（テルピリジン）配位ナノシートを用いたエレクトロクロミックデバイスの多彩化・省エネルギー化に向けた研究が展開されている.

　また，ビス（テルピリジン）配位ナノシートの電子輸送特性に着目した電子材料としての研究も展開されている．米田らは，Fe-TPY2 と Co-TPY2 の電気伝導特性の電位依存性を測定し，それぞれの配位ナノシートの酸化還元電位近傍においてのみ，すなわちビス（テルピリジン）錯体部位の酸化状態が混ざっている混合原子価状態（mixed-valance state）のときのみ 10^{-6} S cm^{-1} 程度の電気伝導性を示すことを見出した [12]．ただし，[Co(tpy)$_2$]$^{3+/2+}$ の混合原子価状態では錯体部位間の電子移動が極端に遅いため電気が流れない．この結果は，ビス（テルピリジン）配位ナノシートの電子移動が，錯体部位間を電子がホッピングすることによって生じている

ことを示している.

異なる金属イオンから合成したビス(テルピリジン)配位ナノ
シートを積層させると,シートの垂直方向に対して整流特性が現れ
る.例えば,図4.7aに示したFe–TPY2とCo–TPY2の積層体では,
Co–TPY2からFe–TPY2へ向かう方向にのみ電流が流れる(図
4.7b).この整流作用は,それぞれのビス(テルピリジン)配位ナ
ノシート層のエネルギー準位から説明することができる.印加電圧
が0Vのときの各層のエネルギー準位は,酸化還元電位から図4.7c
中央に示すようになっている.+1.8Vの電位を印加すると,エネ
ルギー準位は図4.7c右側に示すように変化し,Fe–TPY2の[Fe
$(tpy)_2]^{3+/2+}$エネルギー準位からCo–TPY2の[Co$(tpy)_2]^{2+/+}$エネ

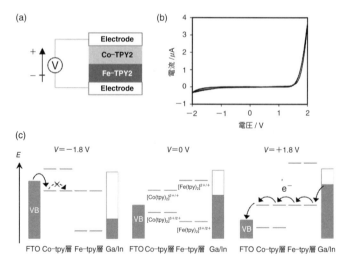

図4.7 (a) Fe–TPY2とCo–TPY2を積層させたダイオードの構造,(b) 動作,
および (c) 動作機構.

ルギー準位への電子移動を介して電流が流れる．一方，-1.8 V 電位を印加した際は，図 4.7c 左側に示すようにエネルギー準位が変化するが，上述のように Co–TPY2 の $[Co(tpy)_2]^{3+/2+}$ の混合原子価状態では錯体部位間の電子移動が遅いため，Co–TPY2 の $[Co(tpy)_2]^{3+/2+}$ のエネルギー準位を介した電流は流れない．したがって，電流は Co–TPY2 から Fe–TYPY2 方向にのみ流れることになる．

　さらに，ビス（テルピリジン）配位ナノシートを電池の正極材料としての応用も研究され始めている．Liu らは 4 つのテルピリジン部位をもつ配位子 TPY6 を用いたビス（テルピリジン）コバルト配位ナノシート Co–TPY6 を液液界面で合成し，リチウムイオン電池の正極材料としての性質を報告している [13]．負極としてリチウム金属を，支持電解質として 1 M LiPF_6 溶液（炭酸エチレン/炭酸ジメチル/炭酸ジエチル混合溶媒，w/w/w＝1：1：1）を用いたリチウムイオン電池コインセルを作製すると，サイクリックボルタモグラムでは＋2.1 V vs. Li$^+$/Li 付近に酸化還元ピークが見られた．Liu らはこのピークを $[Co(tpy)_2]^{3+/2+}$ 間の酸化還元に帰属している．この酸化還元過程について，定電流条件での充放電挙動から求めた電池容量はおよそ 40 mAh g^{-1} であり，Co–TPY6 の化学構造に基づく予測値 34 mAh g^{-1} とほぼ一致している．さらに，100 回の充放電サイクルを経た後でも 93 % 以上の電池容量を保持しており，良好な耐久性を示した．したがって，Co–TPY6 は $[Co(tpy)_2]$ 錯体部位の酸化還元を効率的に用いた正極材料であることがわかる．この効率の良さは Co–TPY6 が液液界面で薄膜形状として得られたことに関係している．Co–TPY6 の酸化還元には電荷を補償するための PF_6$^-$ の脱挿入が関わっており，薄膜状のサンプルにおいてよりスムーズなイオンの脱挿入が起こると考えられている（図 4.8）．実際に TPY6 とコバルト塩を単相溶媒中で反応させて合成した粉末

状のサンプルを正極に用いてリチウムイオン電池特性を評価する
と，配位子や金属イオンが同じにもかかわらず電池容量，耐久性と
もに薄膜状サンプルよりも劣っていた．これらの結果は，ビス（テ
ルピリジン）配位ナノシートが電池に代表されるエネルギー貯蔵材
料として利用できることを示唆している．

　ここまでに説明してきたビス（テルピリジン）配位ナノシートは

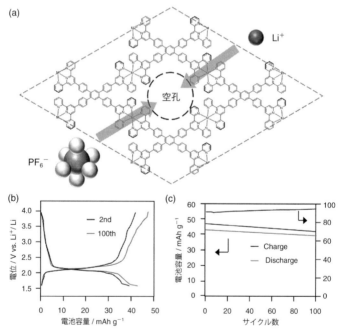

図 4.8 （a）Co–TPY6 のリチウムイオン電池への応用，（b）充放電特性および
（c）サイクル特性．

Fe や Co を用いた酸化還元活性なナノシートだったが,金属イオンとして Zn^{2+} を用いると発光特性を示す配位ナノシートが作製できる.塚本らは TPY2 と Zn^{2+} を液液界面で反応させることで蛍光を示すビス(テルピリジン)配位ナノシート Zn–TPY2 の合成を報告している [14].亜鉛イオン源として $Zn(BF_4)_2$ を用いるとビス(テルピリジン)亜鉛錯体からなる Zn–TPY2 が作製できた.さらに,トリアリールアミン部位をもつテルピリジン配位子 TPY4 を用いた Zn–TPY4 も同様の手法で作製できた.Zn–TPY2,Zn–TPY4 はそれぞれ 480 nm,590 nm に発光ピークをもつ.この蛍光波長の違いは,蛍光に関わる遷移が Zn–TPY4 ではテルピリジン部位の π–π*遷移であるのに対し,Zn–TPY4 ではトリアリールアミン部位からテルピリジン部位への電荷移動遷移(intramolecular charge-transfer transition:ICT)に帰属される.また,Zn–TPY2,Zn–TPY4 中に含まれているテトラフルオロホウ酸イオンは,エチルエオシンイオンやエオシン Y イオンのような蛍光性キサンテン系色素への交換が可能である(図 4.9a).これらのゲストイオンを含む Zn–TPY2 のビス(テルピリジン)錯体シート骨格を波長 360 nm の紫外光で励起すると,ゲストイオンの発光に由来する波長 585 nm の蛍光がみられた.この結果は,Zn–TPY2 からキサンテン色素アニオンへの効率的なエネルギー移動を示している(図 4.9b, c).同様に Zn–TPY4 からキサンテン色素アニオンへのエネルギー移動も確認できた.

テルピリジンと亜鉛からなる錯体系で興味深い点は,対アニオンに大きく依存した配位構造が出現することである.上述の Zn–TPY2 および Zn–TPY4 の合成のように対アニオンとしてテトラフルオロホウ酸イオンを用いた場合はビス(テルピリジン)錯体が生じるが,ハロゲン化物イオンや酢酸イオンなどの配位性イオンを用い

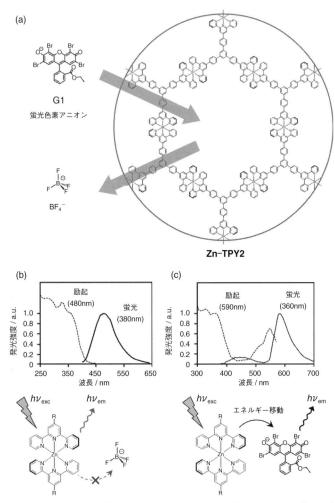

図4.9　(a) アニオン交換による Zn–TPY2 への蛍光色素アニオンの導入．(b) アニオン交換前の Zn–TPY2 の発光特性．(c) 蛍光色素アニオンを導入した Zn–TPY2 の発光特性．

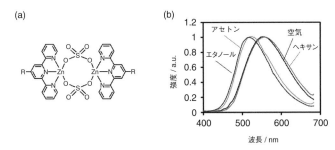

図 4.10　(a) Zn–TPY2(SO₄) に見られる Zn₂(tpy)₂(*μ*–SO₄)₂ 型配位構造．(b) Zn–TPY2(SO₄) のルミノクロミズム．

た場合は，これらのアニオンが配位した Zn(tpy)X₂ 型錯体（X⁻：対アニオン）が生成することが知られている．なかでも硫酸イオン（SO₄²⁻）は 2 カ所の O⁻ 部位で 2 つの Zn を架橋して［Zn₂(*μ*-O₂SO₂)₂(tpy)₂］構造を形成することで配位高分子を作成することができる（図 4.10a）．TPY2 と ZnSO₄ を用いて合成した配位ナノシート Zn–TPY2(SO₄) は，Zn–TPY2 より長波長側である 550 nm 付近に蛍光を示した．さらに，Zn–TPY2(SO₄) は溶媒に依存した蛍光色を発するルミノクロミズム（luminochromism）を示すなど，Zn–TPY2 とは異なる光化学物性をもつことがわかった（図 4.10b）．以上の結果は，ビス（テルピリジン）亜鉛錯体シートの発光特性はテルピリジン配位子の選択や対アニオンの設計によりチューニングが可能であることを示している．

4.2.2　トリス（ビピリジン）配位ナノシート

　トリス（ビピリジン）鉄（II）錯体は，ビス（テルピリジン）鉄（II）錯体と同様に高速応答性と高耐久性を兼ね備えた可逆なエレクトロクロミズムを示す．

　2つのビピリジン部位をもつ配位子 BPY1 と鉄イオンの液液界面合成により青紫色の Fe–BPY1 が合成できる（図 4.11）．また，架橋部位に *p*-フェニレン基を挿入したビピリジン配位子 BPY2 を用いると赤紫色の Fe–BPY2 が合成できる．Fe–BPY1，Fe–BPY2 は気液界面合成法でも合成でき，この手法で合成した単層ナノシートの厚みはおよそ 2.5 nm 程度であった．これらのナノシートを用いて作製したエレクトロクロミックデバイスは +2.5 V と −2.5 V の電圧印加により動作した．[Fe(bpy)₃]²⁺ 部位の酸化により紫色から薄い黄色へと色変化を起こし，色変化は 1 秒程度で完了し，300 サイクル以上動作しても劣化が見られない高耐久性を示した [15]．

　一方，3つのフェナントロリン部位をもつ三叉型配位子 PHEN と鉄イオンの液液界面合成により合成された Fe–PHEN は，[Fe

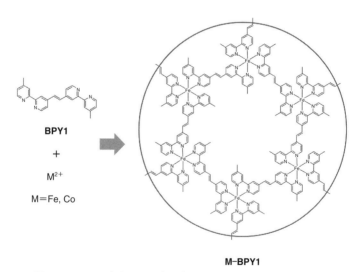

BPY1

+

M²⁺

M＝Fe, Co

M–BPY1

図 4.11　トリス（ビピリジン）配位ナノシート M–BPY1 の化学構造

$(phen)_3]^{2+}$部位の酸化還元により赤色から無色へと可逆に変化する[16]．Fe–PHEN の応答速度は 3 秒程度と Fe–TPY2 や Fe–BPY1 と似た高速応答性と高耐久性を示した．

4.3 ラジカル配位子ナノシート

前節までにジピロメテンやポリピリジン分子を配位子とした配位ナノシートについて紹介してきた．これらの配位子は不対電子をもたない閉殻分子である．一方，不対電子をもつ有機分子を有機ラジカル（organic radicals）という．不対電子をもつ有機ラジカル分子は一般的に不安定であるが，1）不対電子が存在する原子がかさ高い構造で立体的に保護されている，または 2）不対電子が π 共役系上に非局在化している，といった分子設計によって安定なラジカル分子として単離することができている．図 4.12a はこれらの安定有機ラジカルの一例である．有機ラジカルはスピン，すなわち磁性をもつため，磁性材料への応用が期待されている．

有機ラジカルを用いた配位高分子の創出は近年注目を集めており，2003 年には Maspoch らはラジカル配位子として（4,4′,4″-tri-carboxydodecachlorotriphenyl）methyl radical（PTMTC）を用いた二次元配位高分子の作製を報告している[17]．PTMTC, 銅イオン，ピリジンを用いて合成した Cu–PTMTC の骨格構造は結晶中の空孔に溶媒分子を取り込むことで安定化されており，大気中では容易に溶媒分子を失い短時間で結晶からアモルファスに変化した．この変化は可逆であり，乾燥したアモルファスの Cu–PTMTC に溶媒を加えることで結晶性を取り戻すことができた．このような構造変化は 25〜35 % におよぶ結晶の体積変化を引き起こすほか，磁性にも大きく影響する．磁化率の温度依存性から，Cu–PTMTC は結晶中で

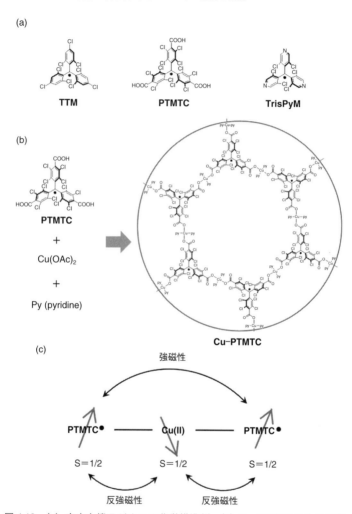

図 4.12 （a）安定有機ラジカルの化学構造例．（b）Cu–PTMTC の化学構造．
（c）Cu–PTMTC 中で PTMTC と銅イオン間にはたらく磁気相互作用．

PTMTC ラジカルと銅イオン間には反強磁性的相互作用がはたらい
ていることがわかった（図 4.12c）．アモルファス化した Cu-
PTMTC でも反強磁性的相互作用がみられたが，磁化率と温度の積
χT の値が最小になる温度は結晶で 31 K，アモルファスでは 11 K
と大きく異なっていた．この原因は溶媒分子と Cu-PTMTC 間の電
子的相互作用の存在や結晶と非晶質とで長距離の秩序構造が異なっ
ている点にあると考えられるが，非晶質物質の構造解明は困難なた
め未解明な部分が多い．結論として，Cu-PTMTC は溶媒の有無に
より構造および磁性の変化を起こす有機金属構造体である．

このような有機ラジカルの磁性に加えて，発光性など他の物性を
組み合わせた新たな材料の研究も進められている．特に有機ラジカ
ルは通常の閉殻分子とは異なり二重項状態間の電子遷移に基づく発
光を示す．そのため，有機発光ダイオードとして用いた際の量子収
率の向上のほか，発光の磁場応答性など新規物性の発現が期待でき
る．

発光性の有機ラジカルとしては，TTM（trsi(2,4,6-trichlorophe-
nyl)methyl radical）が知られていたが，TTM の励起状態は化学的
に不安定で光照射下で短時間で分解してしまうため発光材料への応
用が難しかった．服部・草本らは TTM のトリクロロフェニル基を
ジクロロピリジル基にした PyBTM（(3,5-dichloro-4-pyridyl)bis
(2,4,6-trichlorophenyl)methyl radical）が TTM よりも長寿命の発光
性ラジカルであることを発見した［18］．さらに，PyBTM のピリジ
ル基の配位性を用いて Zn(hfac)$_2$ および Cu(hfac)$_2$（hfac：hexaflu-
oroacetylacetonato）への軸配位を利用した金属錯体を合成し，分
子内の PyBTM ラジカル間に Zn 錯体では反強磁性的な磁気相互作
用が，Cu 錯体では強磁性的な磁気相互作用が生じることを見出し
ている［19］．

　木村らは TTM ラジカル内の3つのトリクロロフェニル基をすべてジクロロピリジル基にした有機ラジカル分子 TrisPyM（tris（3,5-dichloro-4-pyridyl）methyl radical）の合成に成功した．TrisPyM はジクロロメタン中で TTM よりも 10000 倍以上の光安定性を示す．さらに，TrisPyM の Zn（hfac）$_2$ への軸配位を利用して二次元ハニカム構造をもつ配位ナノシート Zn-TrisPyM の単結晶を作製した [20]（図 4.13b）．Zn-TrisPyM は 79 K，375 nm の励起光照射下で 695 nm 付近に蛍光を発した．290 K での磁化率測定および磁気固体電子スピン共鳴（ESR）測定の結果から，Zn-TrisPyM においても TrisPyM 配位子のラジカル性が保持されていることが確認されている．また，磁化率の温度依存性からキュリー定数は 0.746 cm^3 K mol^{-1}，ワイス温度は -0.18 K と求められ，隣接する TrisPyM 配位子のスピン間には弱い反強磁性的相互作用がはたらいていることが明らかになった．

　発光性ラジカル材料の興味深い点は，蛍光の磁場依存性（マグネトルミネッセンス：magnetoluminescence）が現れることである．木村らは前述の Zn-TrisPyM について単一の物質としてははじめてとなる蛍光磁場依存性を報告している [21]．4.2 K の低温下，波長 530 nm の励起光での 695 nm の発光強度は，外部磁場が 18 T で測定した値が外部磁場 0 T の際の測定値の約 1.25 倍に上昇した（図 4.13c, d）．一方で，蛍光寿命は外部磁場によらず一定だった．この磁場依存発光は，ラジカル分子が分散した状態では発現しないが，ある程度凝集した状態にあると発現することが明らかにされている [22]．この先行研究の結果から，Zn-TrisPyM の磁場依存発光特性は配位ナノシート内で磁気的相互作用をもつスピンの集合体の存在を仮定すると説明できる（図 4.14）．n 個の TrisPyM の電子スピンからなる集合体では，基底状態でスピン角運動量 S が異なる n 個

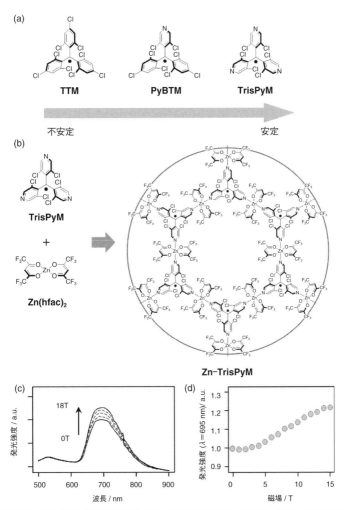

図 4.13 （a）発光性安定有機ラジカルの安定性順序．（b）Zn–TrisPyM の化学構造．（c）Zn–TrisPyM の外部磁場依存発光特性．（d）Zn–TrisPyM の発光強度の外部磁場依存性．

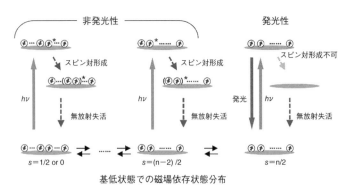

図4.14　マグネトルミネッセンスの発現機構

　の状態が存在している．それぞれの状態について励起状態を考えると，$S \neq n/2$ のときは励起状態でのスピン対形成を経て無放射失活が起こりうるのに対して，$S=1/2$ のときはこのような無放射失活はスピン禁制のため，蛍光を発して基底状態に戻ることになる．すなわち，基底状態の蛍光量子収率は各スピン角運動量によって異なる．外部磁場の印加は基底状態における各スピン角運動量の状態間にエネルギー差（ゼーマン分裂：Zeeman splitting）を生み出すため，基底状態で蛍光を発する $S=1/2$ の状態の割合が増加することにより蛍光強度が増大したと考えられている．このように，有機ラジカルからなる配位高分子におけるマグネトルミネッセンスは複雑な機構から生じているため未解明な部分も多く，詳細な研究が続けられている．

4.4　カルボキシ配位ナノシート

　カルボン酸（R–COOH）は基本的な有機配位子であり，4.3節の

ラジカル配位ナノシートで見たように複数のカルボン酸からなる配位子は MOF の基本骨格として用いられている.

　2010 年に牧浦らは，4 つのカルボン酸部位をもつポルフィリン配位子 CoTCPP を配位子とし，銅イオン水溶液上での気液界面合成法を用いて Cu–CoTCPP の合成を報告している［23］（図 4.15）.

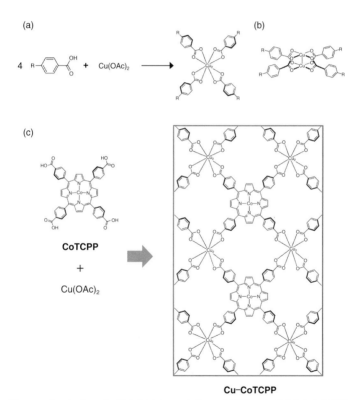

図 4.15　(a, b) カルボン酸と銅イオンからなる二核錯体の生成反応と立体構造.
　　　　(c) Cu–CoTCPP の化学構造.

気液界面で合成した Cu–CoTCPP は基板上に転写することができ，その紫外・可視吸収スペクトルの転写回数依存性では1回の転写により1層分の吸光度の増加が見られた．さらに，複数回転写した Cu–CoTCPP の面内方向（in-plane）および面直方向（out-of-plane）の薄膜 X 線回折測定により，Cu–CoTCPP が良好な結晶性と配向性をもつことが示された．同グループはさらに，フリーベースポルフィリン配位子 TCPP でも同様の手法により結晶性高配向配位ナノシート Cu-TCPP が合成できることを見出しているほか，パラジウムや亜鉛など様々な中心金属をもつポルフィリン配位子を用いたカルボキシ配位ナノシートの作製も展開している［24–26］．

　カルボキシ配位ナノシートは MOF に代表されるように高い結晶性に特徴がある．すなわち，金属錯体部位および配位子を周期的に配列させることができる．加えて，金属錯体部位間の電子的相互作用が弱いため，バナジウムのポルフィリン錯体など磁性をもつ配位子を用いた分子スピン量子ドット（molecular spin qubit）の作製が報告されている［27］．

4.5　ビス（ジケトナト）配位ナノシート

　β–ジケトンは α 位の脱プロトンにより二座配位子として機能する重要な配位子であり，多くの金属イオンと平面四配位構造のビス（アセチルアセトナト）金属錯体を形成する．この反応を利用して，三叉型ジケトン配位子 DKT1 と銅イオンからなる配位ナノシート Cu–DKT1 の作製が報告されている（図 4.16a）［28］．単層の Cu–DKT1 は気液界面合成法を用いて合成された．AFM では 15×15 μm^2 以上の面積をもつ広大なナノシートが観察され，厚みは 0.7 nm と求められた．一方，粉末状の多層 Cu–DKT1 は単相の溶媒中

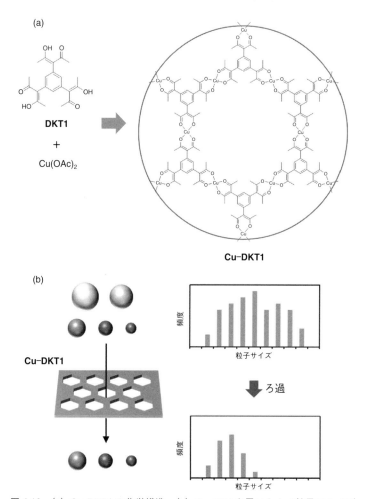

図 4.16　（a）Cu–DKT1 の化学構造．（b）Cu–DKT を用いたナノ粒子のサイズ分離．

で DKT1 と酢酸銅(II)を反応させることで得られた．粉末 X 線構造解析により層状構造をもつこと，および窒素ガス吸着挙動の解析から 171 m² g⁻¹ の細孔を有することが明らかにされた．この細孔のサイズ分布を急冷固体密度汎関数法（QSDFT 法：quenched solid density functional theory）により解析すると，細孔の平均値は 0.72 nm と求められた．この小さな細孔を利用して，ナノ粒子のろ過による分離への応用が行われている．多層 Cu–DKT1 をろ過によりメンブレンフィルター上に製膜し，金ナノ粒子のろ過を行った．1.4 ±0.8 nm の粒径をもつ金ナノ粒子を多層 Cu–DKT1 を通してろ過すると，粒径は 1.2±0.4 nm に変化した．この結果は粒径の小さなナノ粒子のみが Cu–DKT1 の細孔を通過できたことを示している（図 4.16b）．このような配位ナノシートを用いた分離技術はまだ粉末状の多層配位ナノシートでの実証にとどまっているが，薄さ・二次元状構造といった配位ナノシートの特徴を活かした選択的分離薄膜の作製が期待されている．

4.6　アセチリド配位ナノシート

末端アルキンが配位したアセチリド錯体は，燐光材料や触媒反応に用いられている重要な有機金属錯体である．直線型 2 配位構造をもつ水銀イオンとアセチリド配位子を用いたビス（アセチリド）水銀(II)錯体をベースとした配位ナノシート Hg–ETN1 および Hg–ETN2 の合成が報告されている［29］（図 4.17a）．これらの配位ナノシートはともに液液界面にて合成され，AFM 測定により厚みはそれぞれおよそ 17 nm および 40 nm と決定された．

Hg–ETN1，Hg–ETN2 はともに非線形光学材料（non-linear optical materials）としての応用が可能であることが示されている．こ

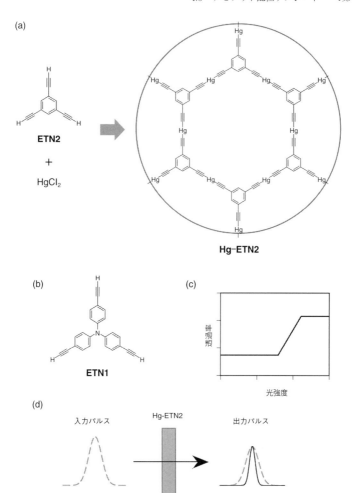

図 4.17　(a) Hg–ETN2 の化学構造.　(b) ETN1 の化学構造.　(c) 可飽和吸収体の光吸収特性.　(d) Hg–ETN2 を可飽和吸収体として用いたパルスレーザーの短パルス化.

れらのナノシートは高強度の 532 nm および 1064 nm のレーザー光
に対して吸光度が飽和する可飽和吸収（saturable absorption）を示
した．可飽和吸収体はパルスレーザーのピーク強度を増大させる Q
スイッチとして使われる（図 4.17b, c）．Hg–ETN2 を Q スイッチと
して用いたパルスレーザーでは，1 パルスあたりのエネルギーが
0.541 μJ，ピーク出力が 1.23 W と，グラフェンや二硫化モリブデ
ンなどの他の二次元材料よりも良い性能を示した．

　銅(I)アセチリド錯体は，薗頭カップリング反応や Glaser 反応に
代表されるアルキンのカップリング反応の重要な中間体である．こ
の反応を応用し，界面でのアセチリド錯体の形成を経て共有結合性
ナノシートを合成する研究が進んでいる．この手法で合成できるナ
ノシートの例として，グラフジインがある．グラフジインは図 4.18
に示す構造をもち，グラフェンと同じく炭素の同素体の一種であ
る．グラフェンではすべての炭素が sp^2 混成であるのに対してグラ
フジインでは sp 混成と sp^2 混成の炭素原子が存在しており，新し
いカーボンナノ材料として期待されている．2017 年に松岡らは銅
(II)触媒を用いた界面でのヘキサエチニルベンゼンのカップリング
により，グラフジインを合成できることを報告した [30]．この反
応では，界面で銅(I)アセチリド錯体が形成したのち，銅(I)アセチ
リド錯体同士の酸化的ホモカップリング反応によりジイン構造が生
じる機構が考えられる．液液界面で合成したグラフジインは 100
μm に達する大きなドメインからなるナノシートであり，厚みは 24
nm だった．さらに，気液界面を用いてグラフジインの合成を行う
と，AFM 測定では 1 辺が約 0.8 μm，厚さが約 3 nm の正六角形型
のグラフジインが観察できた．制限視野電子線回折測定（select-
ed-area electron diffraction）や微小角入射広角 X 線散乱測定（GI-
WAXS）により，両手法で作製したグラフジインは高い結晶性をも

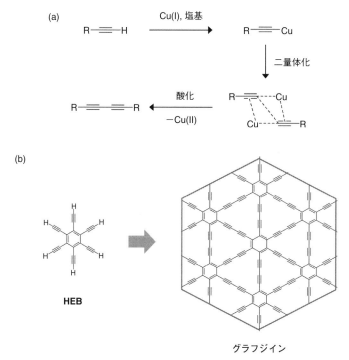

図 4.18 (a) Cu(I)アセチリド錯体の酸化的二量化反応. (b) グラフジインの化学構造.

つことが確認できた.このように,銅(I)アセチリド錯体を経由する界面での触媒反応は共有結合性ナノシートを合成する重要な手法となっている.この手法を応用して様々な機能性分子骨格を組み込んだグラフジイン類縁体が合成されている [31].

また,銅(I)化合物を用いたカップリング反応としては,2022 年にノーベル化学賞の受賞対象となったクリックケミストリー(click

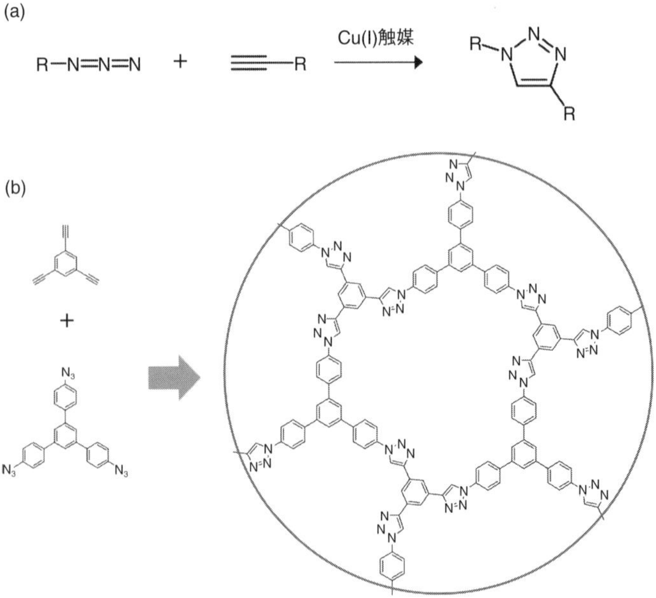

(a)

(b)

図 4.19 （a）クリックケミストリーを用いた 1,2,3‐トリアゾール合成．（b）ク
リックナノシートの化学構造．

chemistry）が記憶に新しい．末端アルキンとアジド化合物を，銅
(I)触媒を用いて反応させると ［2＋3］環化反応が効率よく進行し，
トリアゾールが形成する．Amalia らはクリックケミストリーを用
いてトリアゾールで架橋された共有結合性ナノシート（クリックナ
ノシート）の合成を報告しており（図 4.19）［32, 33］，新しい有機
材料の創出が展開されている．

文献

［1］ A. Loudet, K. Burgess : *Chem. Rev.*, **107**, 4891（2007）.

［2］ V.-N. Nguyen, Y. Yan, J. Zhao, J. Yoon：*Acc. Chem. Res.*, **54**, 207（2021）.

［3］ R. Sakamoto, K. Hoshiko, Q. Liu, T. Yagi, T. Nagayama, S. Kusaka, M. Tsuchiya, Y. Kitagawa, W.-Y. Wong, H. Nishihara：*Nature Commun.*, **6**, 6713（2015）.

［4］ R. Sakamoto, T. Yagi, K. Hoshiko, S. Kusaka, R. Matsuoka, H. Maeda, Z. Liu, Q. Liu, W.-Y. Wong, H. Nishihara：*Angew. Chem. Int. Ed.*, **56**, 3526（2017）.

［5］ T. Bauer, Z. Zheng, A. Renn, R. Enning, A. Stemmer, J. Sakamoto, A. Dieter Schlüter：*Angew. Chem. Int. Ed.*, **50**, 7879（2011）.

［6］ Z. Zheng, C. S. Ruiz-Vargas, T. Bauer, A. Rossi, P. Payamyar, A. Schütz, A. Stemmer, J. Sakamoto, A. D. Schlüter：*Macromol. Rapid Commun.*, **34**, 1670（2013）.

［7］ Z. Zheng, L. Opilik, F. Schiffmann, W. Liu, G. Bergamini, P. Ceroni, L.-T. Lee, A. Schütz, J. Sakamoto, R. Zenobi, J. VandeVondele, A. D. Schlüter：*J. Am. Chem. Soc.*, **136**, 6103（2014）.

［8］ K. Takada, R. Sakamoto, S.-T. Yi, S. Katagiri, T. Kambe, H. Nishihara：*J. Am. Chem. Soc.*, **137**, 4681（2015）.

［9］ Y. Liu, R. Sakamoto, C.-L. Ho, H. Nishihara, W.-Y. Wong：*J. Mater. Chem. C*, **7**, 9159（2019）.

［10］ Y. Kuai, W. Li, Y. Dong, W.-Y. Wong, S. Yan, Y. Dai, C. Zhang：*Dalton Trans.*, **48**, 15121（2019）.

［11］ S. Roy, C. Chakraborty：*ACS. Appl. Mater. Interfaces*, **12**, 35181（2020）.

［12］ J. Komeda, K. Takada, H. Maeda, N. Fukui, T. Tsuji, H. Nishihara：*Chem. Eur. J.*, **28**, e202201316（2022）.

［13］ Y. Liu, W. Deng, Z. Meng, W.-Y. Wong：*Small*, **16**, 1905204（2020）.

［14］ T. Tsukamoto, K. Takada, R. Sakamoto, R. Matsuoka, R. Toyoda, H. Maeda, T. Yagi, M. Nishikawa, N. Shinjo, S. Amano, T. Iokawa, N. Ishibashi, T. Oi, K. Kanayama, R. Kinugawa, Y. Koda, T. Komura, S. Nakajima, R. Fukuyama, N. Fuse, M. Mizui, M. Miyasaki, Y. Yamashita, K. Yamada, W. Zhang, R. Han, W. Liu, T. Tsubomura, H. Nishihara：*J. Am. Chem. Soc.*, **139**, 5359（2017）.

［15］ M. K. Bera, T. Mori, T. Yoshida, K. Ariga, M. Higuchi：*ACS Appl. Mater. Interfaces*, **11**, 11893（2019）.

［16］ S. Mondal, Y. Ninomiya, T. Yoshida, T. Mori, M. K. Bera, K. Ariga, M. Higuchi：*ACS Appl. Mater. Interfaces*, **12**, 31896（2020）.

［17］ D. Maspoch, D. Ruiz-Molina, K. Wurst, N. Domingo, M. Cavallini, F. Biscarini, J. Tejada, C, Rovira, J. Veciana：*Nat. Mater.*, **2**, 190（2003）.

［18］ Y. Hattori, T. Kusamoto, H. Nishihara：*Angew. Chem. Int. Ed.*, **53**, 11845（2014）.

［19］ T. Kusamoto, Y. Hattori, A. Tanushi, H. Nishihara：*Inorg. Chem.*, **54**, 4186（2015）.

［20］ S. Kimura, M. Uejima, W. Ota, T. Sato, S. Kusaka, R. Matsuda, H. Nishihara, T. Kusamoto：*J. Am. Chem. Soc.*, **143**, 4329 (2021).

［21］ S. Kimura, R. Matsuoka, S. Kimura, H. Nishihara, T. Kusamoto：*J. Am. Chem. Soc.*, **143**, 5610 (2021).

［22］ S. Kimura, S. Kimura, K. Kato, Y. Teki, H. Nishihara, T. Kusamoto：*Chem Sci.*, **12**, 2025 (2021).

［23］ R. Makiura, S. Motoyama, Y. Umemura, H. Yamanaka, O. Sakata, H. Kitagawa：*Nat. Mater.*, **9**, 565 (2010).

［24］ S. Motoyama, R. Makiura, O. Sakata, H. Kitagawa：*J. Am. Chem. Soc.*, **133**, 5640 (2011).

［25］ R. Makiura, R. Usui, E. Pohl, K. Prassides：*Chem. Lett.*, **43**, 1161 (2014).

［26］ R. Makiura, O. Konovalov：*Sci. Rep.*, **3**, 2506 (2013).

［27］ A. Urtizberea, E. Natividad, P. J. Alonso, L. Pérez-Martínez, M. A. Andrés, I. Gascón, I. Gimeno, F. Luis, O. Roubeau：*Mater. Horiz.*, **7**, 885 (2020).

［28］ Y. Jiang, G. H. Ryu, S. H. Joo, X. Chen, S. H. Lee, X. Chen, M. Huang, X. Wu, D. Luo, Y. Huang, J. H. Lee, B. Wang, X. Zhang, S. K. Kwak, Z. Lee, R. S. Ruoff：*ACS Appl. Mater. Interfaces*, **9**, 28107 (2017).

［29］ L. Xu, J. Sun, T. Tang, H. Zhang, M. Sun, J. Zhang, J. Li, B. Huang, Z. Wang, Z. Xie, W.-Y. Wong：*Angew. Chem. Int. Ed.*, **60**, 11326 (2021).

［30］ R. Matsuoka, R. Sakamoto, K. Hoshiko, S. Sasaki, H. Masunaga, K. Nagashio, H. Nishihara：*J. Am. Chem. Soc.*, **139**, 3145 (2017).

［31］ R. Sakamoto, N. Fukui, H. Maeda, R. Matsuoka, R. Toyoda, H. Nishihara：*Adv. Mater.*, **31**, 1804211 (2019).

［32］ A. Rapakousiou, R. Sakamoto, R. Shiotsuki, R. Matsuoka, U. Nakajima, T. Pal, R. Shimada, M. A. Hossain, H. Masunaga, S. Horike, Y. Kitagawa, S. Sasaki, K. Kato, T. Ozawa, D. Astruc, H. Nishihara：*Chem. Eur. J.*, **23**, 8443 (2017).

［33］ J. Komeda, R. Shiotsuki, A. Rapakousiou, R. Sakamoto, R. Toyoda, K. Iwase, M. Tsuji, K. Kamiya, H. Nishihara：*Chem. Commun.*, **56**, 3677 (2020).

おわりに：配位ナノシートの今後の展望

　グラフェンが取り扱える材料となってから 20 年，配位ナノシートが誕生してから約 10 年であり，二次元物質の科学はまだ黎明期にある．本書で示したように，有機と無機の複合体である配位ナノシートは，化学構造が豊富でユニークな性質や機能を示すので，その可能性は計り知れない．今後，様々な領域の研究者がこの二次元物質の魅力を引き出し，活用することで，次世代の科学技術に重要な基盤材料となることが期待される．

索　引

【ワ行】

〔著者紹介〕

前田啓明（まえだ　ひろあき）
2015年　東京大学大学院理学系研究科化学専攻博士課程修了
現　在　東京理科大学研究推進機構総合研究院 助教，博士（理学）
専　門　錯体化学，電気化学

福居直哉（ふくい　なおや）
2016年　東京大学大学院理学系研究科物理学専攻博士課程修了
現　在　東京理科大学研究推進機構総合研究院 助教，博士（理学）
専　門　表面物理学

髙田健司（たかだ　けんじ）
2016年　東京大学大学院理学系研究科化学専攻博士課程修了
現　在　東京理科大学研究推進機構総合研究院 助教，博士（理学）
専　門　錯体化学，電気化学

西原　寛（にしはら　ひろし）
1982年　東京大学大学院理学系研究科化学専門課程博士課程修了
現　在　東京理科大学特任副学長・研究推進機構 総合研究院長・教授，
　　　　東京大学名誉教授，理学博士
専　門　錯体化学，電気化学，ナノサイエンス

化学の要点シリーズ　44　*Essentials in Chemistry 44*

金属錯体の二次元物質　配位ナノシート
Two-Dimensional Materials of Metal Complexes "Coordination Nanosheets"

2023年10月25日　初版1刷発行

著　者　前田啓明・福居直哉・髙田健司・西原　寛

編　集　日本化学会　　Ⓒ2023

発行者　南條光章

発行所　**共立出版株式会社**

　　　　［URL］　www.kyoritsu-pub.co.jp

　　　　〒112-0006 東京都文京区小日向4-6-19　電話 03-3947-2511（代表）

　　　　振替口座　00110-2-57035

印　刷　藤原印刷

製　本　協栄製本

printed in Japan